微咸水滴灌土壤水盐运移与西葫芦生长研究

郭向红　著

中国水利水电出版社
www.waterpub.com.cn
·北京·

内 容 提 要

　　本书主要围绕微咸水滴灌土壤水盐运移规律和微咸水滴灌对西葫芦生长的影响进行论述，包括单点源和两点源条件下微咸水滴灌土壤水盐运移特性、微咸水膜下滴灌条件下西葫芦生长及水盐生产函数、微咸水膜下滴灌西葫芦土壤水盐运移数值模拟和西葫芦产量模拟等内容。

　　本书可供农业水利工程、土壤物理和农业水土工程等领域的科研人员、工程技术人员和研究生参考使用。

图书在版编目（ＣＩＰ）数据

微咸水滴灌土壤水盐运移与西葫芦生长研究 ／ 郭向
红著. -- 北京：中国水利水电出版社，2017.12
　ISBN 978-7-5170-6243-1

Ⅰ．①微… Ⅱ．①郭… Ⅲ．①半咸水－滴灌－土壤盐
渍度－研究②西葫芦－蔬菜园艺 Ⅳ．①S155.2
②S642.6

中国版本图书馆CIP数据核字(2017)第331908号

书　　　名	微咸水滴灌土壤水盐运移与西葫芦生长研究 WEIXIANSHUI DIGUAN TURANG SHUIYAN YUNYI YU XIHULU SHENGZHANG YANJIU
作　　　者	郭向红　著
出版发行	中国水利水电出版社 （北京市海淀区玉渊潭南路 1 号 D 座　　100038） 网址：www.waterpub.com.cn E-mail：sales@waterpub.com.cn 电话：(010) 68367658 (营销中心)
经　　　售	北京科水图书销售中心（零售） 电话：(010) 88383994、63202643、68545874 全国各地新华书店和相关出版物销售网点
排　　　版	中国水利水电出版社微机排版中心
印　　　刷	北京虎彩文化传播有限公司
规　　　格	170mm×240mm　16 开本　9.25 印张　176 千字
版　　　次	2017 年 12 月第 1 版　2017 年 12 月第 1 次印刷
印　　　数	001—600 册
定　　　价	**40.00 元**

前　言

随着我国社会和经济的发展，淡水资源短缺的问题日益突出，已成为制约我国经济和社会可持续发展的瓶颈。要解决这一问题，一方面是节流，另一方面是开源。据统计，农业用水量占全国总用水量的63.48%，而灌溉水利用系数仅为0.53，与发达国家的0.7～0.8相比还有较大差距，农业用水浪费现象严重，发展农业高效节水灌溉是缓解水资源紧张的关键。滴灌便是目前大面积应用的最节水的灌水方法。据统计，滴灌相对传统地面灌溉节水80%以上，节水增产效益显著。因此，大力发展节水灌溉，特别是滴灌，是解决水资源紧缺的主要途径之一。

我国微咸水资源较为丰富，尤其是华北及滨海地区，分布着大量的咸水和微咸水资源，且这部分水资源尚未得到很好的开发和利用。与其他劣质水资源相比，地下咸水除含盐量较高，容易引起土壤次生盐渍化外，一般不会有其他不良后果发生。因此，可以考虑在农业灌溉中使用微咸水和咸水资源，微咸水灌溉是微咸水分布地区解决水资源短缺的一条有效途径，不但有利于缓解水资源短缺问题，而且有利于地下水资源更新、淡水存储和环境生态建设与保护。

滴灌技术与微咸水灌溉技术相结合能够充分发挥两者的优势。采用滴灌进行灌溉时，一方面，灌溉水以点水源扩散的方式由地表进入土壤，使作物根系区土壤得到频繁水分补给，由于水分的淋洗作用，土体中的过量盐分被带出作物主根区，使滴头附近形成盐分浓度接近灌溉水的淡化脱盐区；另一方面，滴灌可以使作物根区土壤经常保持较优的水分条件，土壤基质势很高，弥补了盐渍土中因盐分存在而降低的土壤溶质势，使得土壤总水势维持在较高的水平，有利于作物根系对水分的吸收。但长期使用微咸水灌溉是否会造成土壤质量下降，是否会对作物产生影响，矿化度是多少的微咸水可以用于灌溉等科学问题需要解决。因此，结合地区气候、水质、土壤及作物特点，进行微咸水灌溉合理的水盐调控方法研究，是推进微咸水灌溉大面积推广的必要前提。

本书采用试验研究、理论分析和数值模拟相结合的研究方法，对微咸水滴灌条件下土壤水盐运移与西葫芦生长进行系统研究，揭示了微咸水滴灌土壤水盐运移规律，探明了微咸水滴灌对西葫芦生长的影响，建立了微咸水滴灌西葫芦水盐运移数学模型和西葫芦水盐生产函数，并将两者耦合建立了微咸水滴灌西葫芦产量模拟模型。研究成果对指导西葫芦微咸水安全与高效滴灌具有重要意义。

在本书编写过程中，得到了晋中学院孙西欢院长，太原理工大学水利科学与工程学院马娟娟副院长，山西省水利水电科学研究院毕远杰、王坚、吕棚棚和王永红的大力支持，在此表示衷心的感谢。

感谢研究生雷涛、郑利剑、孔晓燕、郭力琼、雷明杰、严亚龙、魏磊、刘静妍、张少文对本书研究做出的贡献。

特别感谢国家自然科学基金委员会、山西省水利厅、山西省财政厅和山西省水利水电科学研究院的大力支持。

本书参考和引用了许多专家、学者的文献，在此对他们表示衷心的感谢。

由于作者水平有限，书中难免有不足之处，敬请读者和专家多加批评指正。

作者
2017 年 10 月

目 录

前言

第1章　绪论 ··· 1
1.1　研究背景 ··· 1
1.2　微咸水灌溉研究进展 ··································· 2
1.3　微咸水滴灌研究进展 ··································· 13

第2章　试验区概况与研究方案 ····························· 18
2.1　试验区概况 ··· 18
2.2　土壤基本物理参数及灌溉水质 ·························· 18
2.3　微咸水滴灌条件下土壤水盐运移试验方案 ··············· 19
2.4　微咸水滴灌对西葫芦生长影响试验方案 ················· 21
2.5　数据处理 ··· 25

第3章　单点源微咸水入渗条件下土壤水盐运移特性研究 ······ 26
3.1　滴头流量对土壤水盐运移特性的影响分析 ··············· 26
3.2　入渗水矿化度对土壤水盐运移特性的影响分析 ··········· 33
3.3　小结 ··· 40

第4章　两点源交汇入渗条件下土壤水盐运移试验研究 ········ 41
4.1　滴头间距对土壤湿润体特性及湿润体内水盐运移的影响 ··· 41
4.2　滴头流量对土壤湿润体特性及湿润体内水盐运移的影响 ··· 45
4.3　小结 ··· 50

第5章　灌溉水矿化度对膜下滴灌西葫芦生长的影响 ·········· 51
5.1　灌溉水矿化度对土壤水分分布的影响 ··················· 51
5.2　灌溉水矿化度对土壤盐分分布的影响 ··················· 56
5.3　灌溉水矿化度对西葫芦生长及产量的影响 ··············· 63
5.4　小结 ··· 67

第6章　膜下滴灌水盐耦合对西葫芦生长的影响 ·············· 69
6.1　膜下滴灌水盐耦合对土壤水分的影响 ··················· 69

6.2　膜下滴灌水盐耦合对土壤盐分的影响 ························ 71

6.3　膜下滴灌水盐耦合对西葫芦生长的影响 ···················· 74

6.4　西葫芦不同生育时期耗水规律 ·································· 78

6.5　膜下滴灌水盐耦合对西葫芦产量的影响 ···················· 79

6.6　小结 ··· 83

第7章　微咸水膜下滴灌西葫芦水盐生产函数模型 ··············· 85

7.1　西葫芦水盐生产函数模型建立 ·································· 85

7.2　西葫芦水盐生产函数模型验证 ·································· 87

7.3　小结 ··· 88

第8章　微咸水膜下滴灌西葫芦土壤水盐运移模拟 ··············· 89

8.1　土壤水盐运移基本理论 ··· 89

8.2　微咸水膜下滴灌西葫芦土壤水盐运移模型建立 ············ 102

8.3　土壤水分运动方程离散 ··· 105

8.4　土壤盐分运移方程离散 ··· 112

8.5　模型参数求解 ·· 116

8.6　模型验证 ·· 121

8.7　小结 ··· 125

第9章　微咸水膜下滴灌西葫芦产量模拟模型 ····················· 126

9.1　模型建立 ·· 126

9.2　模型求解 ·· 127

9.3　模型验证 ·· 127

9.4　小结 ··· 128

参考文献 ·· 129

第1章 绪 论

1.1 研究背景

水是生命之源，万物之本，是人类生存与发展不可或缺的重要资源之一（代文元等，2001）。然而，随着我国社会和经济的发展，淡水资源短缺的问题日益突出，已成为制约我国经济和社会可持续发展的瓶颈。

据统计，全世界农业灌溉用水量约占人类总用水量的70%。我国多数地区的农业是灌溉农业，特别是西北干旱地区。然而，由于不合理的灌溉方式，我国农业用水利用效率很低（熊亚梅，2007），农业是用水大户，其节水潜力和空间很大。

农业节水方式可以概括为两大类，即节流和开源。节流涵盖各类节水灌溉措施，包括渠道防渗、低压管灌、喷灌、微灌和灌溉管理节水等；开源则指开发非传统水资源，包括浅层地下咸水、雨水、海水、农田排水、再生的生活废水和工业污水等。

对于微咸水的分类标准，国内外有几种不同的分类方法，在我国，一般认为总盐含量在 2～5g/L 范围内的水资源属于微咸水资源范畴（叶海燕，2004）。我国浅层地下微咸水资源较为丰富，尤其是华北及滨海地区，分布着大量的咸水和微咸水资源，且这部分水资源尚未得到很好的开发和利用。与其他劣质水资源相比，地下咸水除含盐量较高，容易引起土壤次生盐渍化外，一般不会有其他不良后果发生，因此，可以考虑在农业灌溉中使用微咸水和咸水资源，微咸水灌溉是微咸水分布地区解决水资源短缺的一条有效途径，不但有利于缓解水资源短缺问题，而且有利于地下水资源更新、淡水存储和环境生态建设与保护（Rhoade 等，1992；Oster 等，1994；Fang Sheng 等，1997；G. Abdel 等，2005；Youssef 等，2006；Murtaza 等，2006；Paranychianakis 等，2005；刘友兆等，2004）。

滴灌是一种高效的节水灌溉技术，通过低压管道系统与安装在末级管道上的滴头，将水缓慢、均匀、适量、准确地直接输送到作物根部附近的土壤表面，浸润到根系最发达区域，使根系活动区的土壤保持最佳含水状态，满足作物的需水要求。与传统的灌溉方式相比，具有省水、省工、保持土壤结构和减少营养成分流失等优点，最后达到提高作物产量、增加经济效益的目的（陈小三等，2011）。

滴灌技术与微咸水灌溉技术相结合能够充分发挥两者的优势。滴灌高频少量的淋洗作用为作物主根区创造了良好的水盐环境，有利于作物更好地生长（王全九，2001）。采用滴灌进行灌溉时，一方面，灌溉水以点水源扩散的方式由地表进入土壤，使作物根系区土壤得到频繁水分补给，由于水分的淋洗作用，土体中的过量盐分被带出作物主根区，使滴头附近形成盐分浓度接近灌溉水的淡化脱盐区（Goldberg 等，1976；Bresler 等，1975；焦艳平等，2008）；另一方面，滴灌可以使作物根区土壤经常保持较优的水分条件，土壤基质势很高，弥补了盐渍土中因盐分存在而降低的土壤溶质势，使得土壤总水势维持在较高的水平，有利于作物根系对水分的吸收。毕远杰（2009）、王全九（2001）、栗涛（2013）、谭军利（2008）等认为使用微咸水滴灌作物，土壤含盐量会有所增加，但用低浓度的微咸水灌溉不但不会对作物的生长产生抑制作用，反而会有一定的促进作用。但是长期进行微咸水滴灌，土体盐分积累不仅会抑制作物生长还会造成土壤盐渍化。因此，探索有效的灌水参数以调控水盐在土壤中的分布，适应作物生长对水分的需求，最大限度地减小盐分对作物生长的抑制，是微咸水滴灌的研究重点。

1.2 微咸水灌溉研究进展

1.2.1 微咸水灌溉发展过程

国内外利用微咸水灌溉已有 100 多年的历史。联合国教科文组织于 1968 年把微咸水利用的研究课题列入计划，协同一些国家对大量的作物及果树进行了试验研究。微咸水灌溉的研究起源于农业生产实际，并在不同的地区取得了良好的应用效果，但由于微咸水中含有大量的盐分，这些盐分随着灌溉水进入土壤，从而增加了土壤的含盐量，直接影响作物对水分的吸收利用并威胁作物生长，同时带入的盐分与土壤胶体颗粒和土壤中原有的化学成分发生物理化学作用，改变土壤物理和化学特征，影响土壤中物质迁移特征，改变土壤向作物供水供肥的能力以及土壤的通气特征，从而综合影响土壤功效。多年来，国内外学者从微咸水灌溉水质、适宜灌溉的土壤质地、灌水方法和灌溉制度、对作物产量及品质的影响、田间管理等不同角度对微咸水灌溉所引发的科学问题和实际应用问题展开研究，取得了显著的进展，为微咸水的科学合理利用奠定了良好的基础。在此项研究中，美国盐碱地实验室和苏联、以色列、印度、埃及等国家的学者做了大量的工作。

在美国西南部和西部，采用矿化度为 $3 \sim 5 g/L$ 的微咸水灌溉棉花、甜菜、苜蓿等作物，灌溉水的 pH 值为 7.8 左右，钠吸附比（SAR）为 $5 \sim 11$，采用传统地面灌溉和微灌两种灌溉方式，结果表明与传统淡水灌溉相比，在微咸水微灌条件下，棉花产量不但没有减少，甚至还高于传统灌溉的产量。以色列地处西亚地区，淡水资源极其短缺，其地下水矿化度在 $1.2\sim5.6g/L$ 范围内，将其地下水稀释后采用滴灌和喷灌对西瓜、小麦和西红柿等进行灌溉，结果表明，中轻质土壤用咸水灌溉效果较好，对重质土壤而言，即使有较好的排水系统，用咸水灌溉后也会发生一定程度的土壤板结问题。日本（VAN，1970）也有利用微咸水进行灌溉的实践，在缺水地区，人们用盐分浓度为 $0.7\%\sim2.0\%$ 的微咸水灌溉作物，取得了成功。突尼斯淡水资源极其匮乏，采用矿化度为 $2\sim5g/L$ 的咸水灌溉海枣、黑麦草、苜蓿等作物，该地区是重黏土，在作物生长期，土壤出现严重板结，在这种不利条件下，微咸水利用仍获得成功。在印度（Pal 等，1984）一些地区利用微咸水进行农田灌溉，由于特殊自然条件，部分地区降雨属于季候雨，这些降雨为土壤盐分淋洗创造了有利条件，虽然利用微咸水进行灌溉，但土壤未发生长期的积盐现象。意大利也通过20 多年的微咸水灌溉实践积累了丰富的经验。

我国的微咸水灌溉始于 20 世纪中叶，虽然灌溉历时较短且仍然处于探索阶段，但是已有的生产实践表明微咸水灌溉有极大的发展前景。宁夏南部山区自 1969 年开始利用微咸水进行灌溉以来至今已有 40 多年，大量的生产实践表明，用微咸水灌溉的小麦、大麦比旱地增产 $3\sim4$ 倍。1976 年，河北沧州利用矿化度小于 5.0g/L 的微咸水灌溉小麦，发现较旱地增产 $10\%\sim30\%$，最高可达 40%。1986 年，山东省庆云县水利科学研究所进行了关于微咸水灌溉的试验，1990—1993 年该研究所又研究了微咸水开发技术，研究结论是：与旱地相比，利用矿化度为 $2\sim4g/L$ 的微咸水进行灌溉，夏玉米和小麦的产量都有所增加，且产量不低于淡水灌溉的 90%（褚贵发等，1999）。山西汾河灌区利用地下微咸水、咸水进行灌溉的试验也证明咸水灌溉比淡水灌溉减产，但比旱作增产（尉宝龙等，1997；赵春林等，2000）。天津市郊县进行的微咸水和咸水灌溉大田试验研究结果也表明，微咸水灌溉比旱作具有明显增产效果（张会元，1994）。新疆生产建设兵团农八师炮台试验站进行了利用微咸水和咸水种植碱茅草的田间试验，试验土壤属于轻壤强盐碱地，结果表明，微咸水和咸水可以用于碱茅草的灌溉（张建新等，1996）。在鲁西北低平原地区，逄焕成等（2004）研究了微咸水灌溉对土壤盐分与作物产量的影响以及麦秸覆盖对微咸水灌溉土壤盐分的调控作用，结果表明，灌溉两年后没有发生积盐现象，微咸水结合麦秸覆盖对作物年产量无显著提高，而不配以麦秸覆盖的处理则导致作物减产。在黄淮海平原，乔玉辉等（2003）就微咸水灌溉对盐碱化地区冬小麦生长的影响和土壤环境效应进行了分析，结果表明，微咸水灌溉对冬小麦生长有一定影响。

综上所述，微咸水灌溉在国内外得到了广泛实践，与不灌溉相比较，微咸水灌溉可以获得相对较高的产量，因此在淡水资源紧缺的地区，微咸水可以用于农业灌溉。

1.2.2 微咸水灌溉利用方式

微咸水灌溉目前常见的灌溉方法包括畦灌、漫灌、沟灌、喷灌、滴灌及渗灌等（郭永杰等，2003）。研究表明（吴忠东等，2010；张俊鹏等，2013；Tedeschi A 等，2005），在不同生育期采用微咸水灌溉对作物生长及产量的影响差异明显，采取合理的灌水方法和灌水方式，可以降低盐分胁迫对作物生长的影响，提高灌水质量，保障作物正常生长。

结合灌水方法，微咸水的主要灌水方式有 4 种，即微咸水直接灌溉、微咸水与淡水混合灌溉（即微咸水混灌）、微咸水与淡水在作物生育期内轮灌（即微咸水轮灌）以及微咸水与淡水在一次灌水中交替灌溉（即微咸水交替灌）。

（1）微咸水直接灌溉。微咸水直接灌溉指采用渠道或管道输水形式，将地下微咸水直接引到田间进行灌溉。主要用于一些淡水资源十分紧张的地区，同时种植一些耐盐性作物，并配合其他措施，微咸水灌溉有助于提高作物产量并维持土地的可持续利用（张展羽等，2001；乔玉辉等，1999；王洪彬，1998；郭亚洁等，1996；王应求，1990）。

（2）微咸水混灌。混灌就是利用供水网络将不同矿化度的水按合理的配比进行混合后再用于灌溉，混合后的矿化度根据所灌溉的作物及土壤条件来确定（严晔端等，2000）。目前微咸水与淡水混合模式有 3 种，即在水源处进行混合，采用水箱、水池等将淡水和微咸水按照一定比例进行混合后引入田间进行灌溉；在管道或渠道中进行混合，将微咸水和淡水分别输送到末级管道或渠道，使微咸水和淡水在其中混合后进行灌溉；在田间土壤中进行混合，该方法必须设立两套灌溉管道，分别将微咸水和淡水引入田间，在灌溉过程中进行混合（赵延宁等，1996；张爱习等，2011），这种方式常用于滴灌系统中。混灌在提高灌溉水质的同时，还增加了可灌水量，使以前不能用于灌溉的碱水或高矿化度的咸水得以利用（王媛媛，2004；吴忠东等，2008）。混灌的技术关键是要掌握作物正常生长条件下对水质及土壤环境的要求，合理控制灌溉用水的水质使之达到其要求。

（3）微咸水轮灌。轮灌法就是在作物生育期内利用微咸水和淡水进行轮流灌溉，轮灌的技术关键是结合微咸水和淡水资源量、作物耐盐特性和耗水特征以及土地质量，根据作物不同生育期对水质的需求选择合理的轮灌次序及咸淡水组合，保证作物正常生长和土地可持续利用。研究表明（P. S. Minhas 等，2007；Shalhevet J 等，1986），利用淡水和微咸水轮灌的灌溉效果要优于单独使用微咸水灌溉或者采用混灌的效果，在作物生长的敏感期用优质的淡水灌溉，在非敏感期用微咸水灌溉，并且轮灌在实际操作中更简单易行，省去咸淡水混合的工序及设施。徐存东等（2016）的研究表明，土壤耕作层的含盐量变化受轮灌的淋洗作用明显。米迎宾等（2010）的研究表明，直接利用 3g/L 矿化度的微咸水进行灌溉会引起土壤盐分的累积及作物减产，而利用咸淡轮灌的方式可获得比较理想的效果。吴忠东等（2007，2010）通过研究发现，畦灌条件下利用微咸水进行灌溉比旱作增产，同时也提出了合理的冬小麦微咸水轮灌制度。黄丹（2014）以棉花为研究对象，进行了微咸水膜下滴灌轮灌时序优化研究，结果表明，棉花生育前期（苗期、蕾期）对水分较为敏感，此时期灌溉淡水能够保证棉花充分的营养生长，生育后期（花铃期、吐絮期）灌溉适当矿化度及水量的微咸水，可以适度抑制植株的营养生长、促进生殖生长，利于高产。同时建立了微咸水灌溉综合效益评价指标体系，对各方案的综合效益进行评分，全面对比得出了最优微咸水轮灌方案。苏莹等（2005）的研究表明，咸-淡-咸轮灌方式下土壤入渗能力较大，且脱盐区内脱盐率比淡-咸-咸轮灌方式的高，但淡-咸-咸轮灌方式下同一土层土壤含水量高。黄金瓯等（2015）的研究表明，咸水和轮灌处理下，单株棉花地上部干物质含量、单位面积铃数和籽棉产量显著高于淡水处理，分别达 32%、20% 和 22%，连续的全生育期微咸水灌溉可能造成盐害离子向表层积聚。王瑞萍等（2017）研究了不同咸淡轮灌模式及施肥量对玉米生长及土壤盐分累积的影响，结果表明，不同咸淡轮灌模式及施肥量对玉米生育指标和籽粒品质指标影响显著，增加施肥量可促进玉米生长发育，提高产量；微咸水灌溉可提高玉米籽粒品质，但影响玉米生长发育、降低玉米产量，特别是灌溉 2 轮咸水的处理，株高和叶面积受到的影响较大，产量降低较明显；咸水灌溉次数越多、施肥量越大，土壤盐分累积程度越明显。因此，采用咸-淡-淡-淡的组合灌溉顺序配合 560kg/hm² 的施肥方式为该试验的最优方案。苏瑞东等（2015）对盐渍化土壤条件下枸杞咸淡水轮灌模式进行了研究，结果表明，不同处理在灌水量相同的情况下，淡-咸-咸处理的水分利用效率较高，对枸杞产量影响较小；采用咸淡水轮灌枸杞，如果一水为淡水，可保证在枸杞盛果期土壤盐分较小，对枸杞产量影响不大，同时该轮灌模式生育末期土壤处于脱盐状态，土壤盐分在周年内可以保持平衡，因此，在河套灌区采用淡-咸-咸轮灌模式灌溉枸杞可以取得良好的效果。Shalhevet（1986）的研究表明，对于咸淡水混合灌溉、咸水和淡水轮灌、咸水灌溉 3 个处理，咸水和淡水轮灌的效果最好。

（4）微咸水交替灌。交替灌溉就是在设计灌水时间内，采用微咸水和淡水交替进行灌溉的灌水方式。根据作物及土壤条件，可以选择先用微咸水灌溉后再用淡水灌溉，或者先用淡水灌溉后再用微咸水灌溉，滴灌条件下还可以采用双滴灌系统进行供水。由于灌溉前不需要将两种不同矿化度的灌溉水进行混合，因此交替灌溉在实际操作中简单易行。利用咸淡水交替灌溉时，选择合理的咸淡水交替顺序和灌溉水矿化度是减少土壤盐分累积的关键。目前关于咸淡水交替灌溉方面的研究国内外报道较少，且多数停留在机理研究阶段（刘静妍等，2015；吕烨等，2007；管孝艳等，2007）。

进行微咸水灌溉时，采用何种灌溉方式与灌溉水水源状况、作物种类、作物种植结构、土壤状况和微咸水分布地区的社会经济状况等有关。

1.2.3 微咸水灌溉对土壤的影响

微咸水中的盐分随着灌溉水进入土壤，增加了土壤的含盐量，进而影响作物对水分的吸收利用，影响作物生长；此外，微咸水带入的盐分与土壤胶体颗粒和土壤中原有的化学成分发生物理化学作用，改变土壤的结构及孔隙性，影响土壤中物质的迁移特征，改变土壤向作物供水供肥的能力以及土壤的通气特征；同时，随着土壤水分的向上运移，盐分也逐渐向土壤表层积聚，使土壤产生次生盐渍化的趋势，从而影响土地的质量及可持续利用。

有学者认为微咸水灌溉对土壤质量的影响主要表现为对土壤交换性钠离子和土壤溶液电导率的影响（Feigen 等，1991；吴乐知等，2006；Giuseppina等，1995），钠离子含量过高可以引起土壤分散和膨胀，使土壤孔隙减少，出现表层土壤板结，通透性差，不利于作物出苗和生长，由交换性钠所引起的大孔隙的微小变化，对土壤的渗透性产生很大影响，特别是用钠离子含量较高的水灌溉后可能造成土壤碱化。灌溉水中的盐分，尤其是 NaCl 会对作物产生毒害，如降低膨压、减小细胞扩张速度、破坏叶绿体等，从而导致生长速度和光合作用降低，最终对干物质积累和产量产生不良影响，严重的则会导致作物死亡。Gardner 等（1959）的研究表明，当溶液浓度自 2mEq/L 增大到 100mEq/L 时，土壤渗透性的增大不超过初始值的 2 倍；而高钠含量时，在浓度具有相似变化的情况下，其渗透性将增大几个数量级。灌溉水质指标除了用总盐含量衡量以外，钠含量也是很重要的一个指标，常以钠吸附比（宋新山等，2000）表示，钠吸附比为灌溉水体中的钠离子和钙镁离子的相对数量，是衡量灌溉水引起土壤碱化程度的重要指标（李韵珠等，1998）。吴忠东等（2008）的研究表明，随着入渗水钠吸附比的升高，相同时间内累积入渗量和湿润锋推进距离均减小。苏玉明（2002）对土地盐碱化成因进行了定量分析，经过计算发现潜水钠吸附比高是试验示范地区土壤盐碱化的主要原因，而潜水径流不畅、水位埋深小、土壤表层渗透性差是造成潜水钠吸附比高的直接原因。肖振华等（1998）的研究表明，灌溉水的钠吸附比超过 14 会引起土壤黏粒膨胀。在一定范围内，土壤盐分浓度的提高有利于促进土壤颗粒的絮凝，增加其团聚性，稳定土壤结构，使土壤中大孔隙增加，渗透性增强，从而减轻高钠吸附比对土壤物理性质的不利影响。但过量盐分会引起土壤结皮，导致土壤渗透性变差。王全九等（2004）、吴忠东（2005，2007）进行了不同矿化度微咸水积水入渗试验，结果表明，随着入渗水矿化度的增加土壤的入渗能力增加，当矿化度增加至 3g/L 时，土壤的入渗能力最大，矿化度继续增大时，土壤入渗能力逐渐减小。李取生等（2002）采用蒸馏水、承压淡水、浅层微咸水做室内淋洗试验，结果表明，微咸水饱和渗透率为承压淡水的 2 倍、蒸馏水的 192 倍，说明微咸水对增强土壤通透性有显著作用。

用 3～5g/L 矿化度的微咸水直接灌溉，会造成土壤耕层不同程度的盐碱化，长期使用 2～3g/L 矿化度的微咸水直接灌溉，对土壤也有潜在影响。为了保证根区盐分浓度不超过作物耐盐度，利用微咸水灌溉后应及时淋洗过量的土壤盐分，防止根区盐分累积，这是微咸水灌溉保证土壤可持续利用的一个必不可少的环节。Pasternak（1995）的研究表明，微咸水灌溉两年后地面以下30cm 土层积盐。陈效民等（2004）的研究表明，海水灌溉两年后 0～100cm土层中有盐分累积现象，钠吸附比在 0～60cm 土层内有所升高，灌溉前后土壤的 pH 值基本无显著变化。尉宝龙等（1997）在小麦、棉花和玉米生育期内，采用 6.8g/L 矿化度的咸水进行灌溉，结果表明，地表以下20cm 土壤都处于积盐状态，80cm 处积盐量最大，作物产量随灌水年限增加而减少。乔冬梅等（2007）的研究表明，在水位比较浅的情况下，高频率灌溉有利于盐分下移。李取生等（2002）连续两年的微咸水淋洗试验表明，土壤含盐量总体趋势是盐碱从土壤根层下移到 35cm 以下的土层深部，10～25cm 深处盐碱减少尤为显著。肖振华等（1997）的研究表明，当灌溉水矿化度小于 3g/L 时，土壤剖面盐分处于平衡状态，在排水条件较好的条件下，每年增加一次大定额淡水灌溉，微咸水灌溉不会使土壤含盐量超过作物耐盐极限，也不会造成土壤长期积盐。Sharma 等（1990）针对砂质石灰性土壤进行的试验表明，对于排水良好的农田，由于每年雨季降水的淋洗作用，利用电导率小于 9mS/cm 的微咸水灌溉不会造成根系土层盐分的累积，不会影响作物产量。在干旱和半干旱地区，采用高定额灌溉，有利于土壤溶液含盐量的降低，缩短灌溉周期、加大灌溉频率是减少咸水灌溉造成根系土层盐分累积的有效方法（Walker，1987）。Pasternak（1995）的研究表明，在蒸发量比较大的以色列，高频微咸水灌溉作物产量有所增加。同样，Shalhevet（1994）的研究也表明，高频灌溉导致高产。Sharma（1990）利用电导率为 11dS/m、钠吸附比为 26.9 的咸水灌溉小麦，分别以 4 种灌溉频率 10d、15d、20d、25d 进行灌溉，但灌水总量保持一致，研究结果表明，以 10d 为间歇期的灌水制度土壤积累盐分较多，但整个种植季节根区水分含量较高，盐分浓度比其他 3 种灌水频率要低得多。对于一直用咸水灌溉的地区，为了降低土壤溶液的浓度以及淋洗土壤中的盐分，应加大咸水灌溉定额，尤其是一次灌溉水量。

微咸水灌溉存在的最重要的问题就是灌溉后容易引起土壤的次生盐碱化，使耕层土壤含盐量或土壤溶液浓度超过作物的耐盐度，从而影响作物的生长和产量。为了保证耕层的土壤含盐量不超过一定的界限，除了采用定期冲洗改良外（Qadir 等，2000；Kelleners 等，1998；迟道才等，2003；陈小兵等，2008；张金龙等 2012；张洁等 2012；王秀丽等，2013），施加改良剂（张余良等，2004，2006；邵玉翠等，2003；赵秀芳等，2010；刘易等，2015；石万普等，1997）、有机肥（任崴等，2004；王全九等，2009；宿庆瑞等，2006；郭淑吓等，2005）和采取一定的地面覆盖措施等（Pang Huancheng 等，2010；Nassar 等，1999；李志杰等，2001；宋日权等，2011；郑九华等，2002，2012；王在敏等，2012）农艺措施及农田管理方法也可以有效地降低微咸水灌溉对作物及土壤的不良影响。

1.2.4 微咸水灌溉对作物的影响

在微咸水灌溉应用研究过程中，常见的灌溉作物包括小麦（韦如意等，2003；张余良等，2007；陈素英等，2011）、玉米（李红等，2007；毛振强等，2003；焦艳平等，2013；张勇等，2017；魏磊，2016；李金刚等，2017）、棉花（郑九华等，2002；何雨江等，2011；吴军虎等，2015）、油葵（贺新等，2014；刘娟，2012；毕远杰等，2009）、水稻（安延儒等，2001）、番茄（吴蕴玉等，2015；汪洋等，2014）、黄瓜（曹云娥，2016；陈琳等，2016）、马铃薯（万书勤等，2016）、西瓜（刘婷姗，2015；雷廷武等，2003）、枸杞（尹志荣等，2011，2014）、苜蓿（雪静等，2009）、苹果（张艳红等，2012；卢书平，2013）、红枣（张世卿，2016；李发永等，2010）等，大量试验的目的在于探明微咸水灌溉对于土壤水盐分布、作物根系分布、作物生长、作物产量及品质等方面的影响。由于不同的作物耐盐性不同，其对微咸水灌溉的响应亦不同。

微咸水灌溉对作物的影响主要概括为渗透作用和离子毒害作用，当微咸水的矿化度相同，离子组成不同时，对作物的影响差异很大。少量盐分的存在，能刺激某些作物的生长，起到增产的作用（Karin，1997），但当土壤或灌溉水盐分含量超过一定限度后，就会抑制植物生长，导致其产量降低，并使其品质变劣（朱志华，1998）。毛振强等（2003）于1997—2001年研究了微咸水灌溉对冬小麦及夏玉米产量的影响，研究结果表明，当20～60cm土层土壤电导率在8mS/cm以下时，对夏玉米的产量无显著影响，当电导率长期维持在10～15mS/cm之间且当季的降雨相对较少时，玉米产量将显著降低；当20～60cm

土层土壤电导率长期维持在 12～15mS/cm 之间，在灌溉量较大的条件下，盐分胁迫所造成的冬小麦减产损失一般在 10％左右。同淡水灌溉相比，微咸水灌溉及土壤中的盐分不但会影响作物的产量，而且还会改变作物收获物的体积、颜色、外观及成分等。万超文等（2002）研究了不同盐浓度胁迫下不同耐盐型大豆品种耐盐性表现和耐盐性与籽粒化学品质的关系，在 14～15dS/m 低盐浓度下大豆蛋白质、脂肪含量降低，在 18～20dS/m 高盐浓度下蛋白质含量极显著提高，脂肪含量极显著降低，高盐浓度对蛋白质的胁迫效应和方向与低盐浓度相反。肖振华等（1997）研究了灌溉水质对大豆、小麦生长的影响，结果表明，矿化度大于 3g/L、钠吸附比超过 14 的水质对大豆出苗、生长和产量均产生影响，矿化度大于 4g/L，小麦生长和产量受到影响。Amnon 等（2005）研究了微咸水灌溉对甜瓜生长的影响，研究结果表明 4.5dS/m 电导率的灌溉水质不会影响甜瓜产量和品质，而采用 7dS/m 电导率的微咸水进行灌溉会造成甜瓜产量和品质下降。

在盐渍环境中，有害离子主要有钠离子和氯离子（陈国安，1992）。钠离子的增加导致作物对钾和钙的吸收能力降低，钾和钙营养失调，同时影响作物蛋白质的新陈代谢。氯离子则主要影响植物对硝态氮的吸收，两者之间存在颉颃关系（王德清等，1990）。灌溉水中的盐分，尤其是 NaCl 会对作物产生毒害（安树青等，1996；朱华潭等；1995），对其干物质积累和产量产生不良影响。Esechie 等（2002）研究了不同浓度 NaCl 微咸水灌溉对鹰嘴豆出苗率的影响，结果表明，不同浓度 NaCl 灌溉水对鹰嘴豆出苗率有显著影响。Maggio 等（2004）采用 3 种 NaCl 浓度的微咸水对马铃薯进行灌溉，结果表明，马铃薯叶片和根区的总势、渗透势、压力势均随灌溉水 NaCl 浓度的增加而减少。张展羽等（1999）研究了不同浓度 NaCl 微咸水灌溉对于玉米出苗的影响，结果表明，3g/L 是灌溉水中 NaCl 含量的上限，在矿化度低于 3g/L 的情况下，盐分对苗期玉米的生长有不同程度的促进作用，超过 3g/L 时，则会对作物生长产生危害。姚杏安等（2007）的研究表明，当土壤中钠离子含量达到 200mg/kg 时，棉花发芽率降低，植株矮小，进入生育期后结铃少，单铃重较轻，产量降低。

微咸水灌溉除影响作物产量外，还一定程度地改变作物干物质在根、冠之间的分配。乔玉辉等（1999）的研究表明，采用 3.2g/L 矿化度的微咸水灌溉冬小麦，其叶面积在生长后期减少速度较快，干物质累积相对减少，但对产量影响不大。姚静等（2008）的研究表明，番茄幼苗地上部分干、鲜重随着盐浓度的增加而减小，根生物量受其影响相对较小；幼苗叶片叶绿素含量显著降低，50mmol/L NaCl 显著抑制了侧根发育，侧根数显著降低；100mmol/L NaCl 则著抑制了主根和侧根的生长。微咸水灌溉带入土壤中的盐分对作物最普遍和最显著的影响就是抑制其生长，导致作物发育迟缓，抑制植株组织和器官的生长和分化，使作物发育进程提前（李彦等，2008）。

1.2.5 微咸水灌溉作物水盐生长函数研究进展

影响作物生长发育的因素有很多，有人为不可控因素，如光照、气温等，也有可调控的因素，如施肥、水分、病虫害、田间管理以及作物品种特性等。在众多影响因素中，水分是一个非常重要的可控因素。作物产量与水分之间的关系称为作物水分生产函数，土壤盐分和养分都是以水分为介质，通过水分来对作物发挥作用的，为此，以作物水分生产函数为基础，引入盐分、养分建立水盐生产函数和水肥生产函数，人们又进一步把水盐生产函数，水肥生产函数，包括污水灌溉中某些溶质对作物生长的影响，都归入水分生产函数，统称为作物水分生产函数。

作物水分生产函数又称为作物-水模型，它是用来表示或描述作物产量与水分关系的表达式，通过数学模型的方法，把作物生长和外部环境因素对作物影响的复杂关系，进行抽象的、概化的描述，从而使问题简单化，使人们可以重点地分析某些环境因素对作物生长的影响（康绍忠，2007）。作物水分生产函数的研究对灌溉用水的合理分配以及作物生产具有重要的意义和实际应用价值。

作物水分生产函数大致可分为3类：①反映作物产量与水分关系的单因子模型；②反映作物产量与水盐关系或作物产量与水肥关系的多因子模型；③以作物生长模型为基础的反映作物产量与水分关系的模型。

1.2.5.1 作物水分生产函数单因子模型

作物水分生产函数单因子模型仅以水分作为变量建立产量与水分的关系。以水分表达形式不同，又产生了许多作物水分生产函数的形式，包括灌溉水量、全生育期蒸发蒸腾量、相对蒸发蒸腾量、阶段相对蒸发蒸腾量、土壤含水率等。

（1）全生育期作物水分生产函数模型。以全生育期作物的蒸发蒸腾量为自变量而建立的作物水分生产函数模型主要包括线性模型和抛物线模型两种。线性模型如式（1.1）所示，抛物线模型如式（1.2）所示：

$$y = a_1 + b_1 ET \tag{1.1}$$

$$y = a_2 + b_2 ET + c_2 ET^2 \tag{1.2}$$

式中：a_1、b_1、a_2、b_2、c_2 为经验系数，由试验资料回归分析确定；y 为产量；ET 为作物蒸发蒸腾量。

大量统计分析表明，上述经验系数因站点和年份的不同而变化较大，因而此模型相对来说难以推广应用。

作物水分生产函数的相对值模型反映了作物相对产量与全生育期作物蒸发蒸腾量相对值之间的关系。主要代表模型是 J. Doorenbos 和 A. H. Kasam 模型，表达式为

$$1 - \frac{y}{y_m} = K_y \left(1 - \frac{ET}{ET_m}\right) \tag{1.3}$$

式中：y 为作物实际产量；y_m 为作物最大产量；ET 为作物全生育期蒸发蒸腾量；ET_m 为与 y_m 相对应的作物全生育期蒸发蒸腾量；K_y 为作物产量反应系数或敏感系数。

这种模型在一定程度上消除了气候变化、品种变化对作物产量与水分关系的影响，试验数据的拟合精度较高。

（2）时间水分生产函数。时间水分生产函数是以阶段相对蒸发蒸腾量为自变量而建立的作物相对产量与阶段相对蒸发蒸腾量之间的关系，其又可分为单阶段型模型和多阶段型模型。目前在国际上具有代表性的是加法模型中的 Blank 模型和乘法模型中的 Jensen 模型。

Blank 模型：以相对蒸发蒸腾量为自变量，表达式为

$$\frac{y}{y_m} = \sum_{i=1}^{N} k_i \left(\frac{ET}{ET_m}\right)_i \tag{1.4}$$

式中：k_i 为作物第 i 阶段缺水对产量影响的水分敏感系数；i 为生育阶段序号（$i = 1, 2, 3, \cdots, n$）；N 为划分的生育阶段数。

加法模型还包括 Howell 模型、Stewart 模型、Sudar 模型。加法模型只是将各阶段的水分胁迫影响简单相加，没有考虑到作物阶段受旱的滞后效应，而且在作物的某个阶段受旱致死时仍能计算出产量，这与实际情况不相符合。在一般情况下，实际蒸发蒸腾量不可能为零。因此，加法模型比较适合半湿润和半干旱等地区的产量计算，但不适合于干旱地区。

Jensen 模型：以阶段相对蒸发蒸腾量为自变量，表达式为

$$\frac{y}{y_m} = \sum_{i=1}^{N} \left(\frac{ET}{ET_m}\right)_i^{\lambda_i} \tag{1.5}$$

式中：λ_i 为作物第 i 生育阶段缺水对产量影响的敏感性指数；i 为生育阶段序号（$i = 1, 2, 3, \cdots, n$）；N 为划分的生育阶段数。

常用的乘法模型还包括 Minhas 模型和 Rao 模型。乘法模型具有较高的灵敏度，它认为每个阶段的水分胁迫互相影响，并通过连乘的形式表示阶段效应。乘法模型一般适合高度缺水的低产低效农业区域。

茆智等（1994）根据广西桂林地区灌溉试验中心站 1988 年以来的 5 年观测试验结果，分析研究了适用于我国南方水稻的水分生产函数模型，探讨了各种模型中水分敏感参数的变化规律，提出了 Jensen 模型中水分敏感指数与参

照作物需水量的关系。崔远来等（1999）以广西双季晚稻为例，针对水分生产函数全生育期 Stewart 模型，以 ET_0 及土壤有效含水量为参数，探讨了水分敏感指标随不同地域的变化规律。丛振涛等（2002）针对以往研究中水分敏感指数与生育阶段划分密不可分的关系，对 Jensen 模型进行了改造，提出了水分敏感指数的新定义。王仰仁等（1997）提出用生长函数形式来表示水分敏感指数累积曲线随时间的变化过程，分析结果表明这一方法可行。张玉顺等（2003）提出了作物 Jensen 模型中有关参数在年与年间的确定方法。王康等（2002）在田间水肥耦合试验的基础上，提出了水分、氮素生产函数的概念，建立了最终产量模型和动态产量模型。谢礼贵等（1995）通过资料分析确定了北方水稻适宜采用 Jensen 模型。周利民等（2002）建立了广东省双季早稻和双季晚稻 Jensen 模型水分生产函数，并分析了 Jensen 模型敏感指数在全生育期的变化规律和不同生育期干旱胁迫对水稻产量的影响。刘幼成等（1998）对比分析 Jensen、Blank、Stewart 及 Singh 模型参数的变化规律，得出我国北方水稻水分生产函数宜采用 Jensen 模型，并根据水分生产函数模型，采用动态规划方法，提出了不同可供水量条件下的水稻优化灌溉制度。

1.2.5.2 作物水盐生产函数多因子模型

与单因子作物水分生产函数一样，作物水盐生产函数同样可作为作物产量与全生育期水分和盐分的关系，或者作物产量与分阶段水分和盐分的关系。相应的自变量表达方式包括相对蒸发蒸腾量和相对盐分浓度、土水势等。作物水盐生产函数按作物生育阶段可分为全生育期作物水盐生产函数和阶段型作物水盐生产函数（王仰仁，1989；张展羽等，1998，2001）。

（1）全生育期作物水盐生产函数。Datta 等（1998）以 6 年小麦田间试验为基础，结合多元回归分析，构建了作物产量与灌溉水质、灌溉水量及土壤初始含盐量之间的关系，如式（1.6）所示

$$y = a_1 Q + a_2 Q^2 + a_3 C + a_4 C^2 + a_5 S_0 + a_6 S_0^2 + b_1 QC + b_2 QS_0 + b_3 CS_0$$

$$(1.6)$$

式中：y 为作物单位面积产量；Q 为灌溉水量；C 为灌溉水盐分浓度；S_0 为土壤初始盐分浓度；a_1，a_2，$\cdots$，a_6，b_1，b_2，b_3 为回归系数。

（2）阶段型作物水盐生产函数。王仰仁（2004）、康绍忠（2007）等用分步法来构建水盐生产函数的阶段型模型，即通过作物水分生产函数和盐分生产函数分步构建作物水盐生产函数，构建过程如下。

水分生产函数：

$$\frac{y}{y_m} = \prod_{i=1}^{N} \left(\frac{ET_i}{ET_{mi}} \right)^{\lambda_i}$$

$$(1.7)$$

盐分生产函数：

$$\frac{y_s}{y_{sm}} = \prod_{j=1}^{M} \left(\frac{S_{\max j} - S_j}{S_{\max j} - S_{\min}} \right)^{\beta_j} \tag{1.8}$$

水盐生产函数：

$$\frac{y_s}{y_m} = \prod_{i=1}^{N} \left(\frac{ET_i}{ET_{mi}} \right)^{\lambda_i} \prod_{j=1}^{M} \left(\frac{S_{\max j} - S_j}{S_{\max j} - S_{\min j}} \right)^{\beta_j} \tag{1.9}$$

式中：y_s 为作物在水盐双重胁迫条件下的产量；ET 为非充分供水条件下无盐分影响的作物蒸发蒸腾量；ET_m 为充分供水条件下无盐分影响的作物蒸发蒸腾量；λ_i 为作物第 i 阶段的水分敏感指数；i 为作物生育阶段编号；N 为划分的生育阶段数（考虑水分亏缺对作物的影响）；$S_{\max j}$ 为作物第 j 生育阶段的耐盐极限，当土壤中的含盐量大于 $S_{\max j}$ 时，作物产量将等于零；$S_{\min j}$ 为作物第 j 生育阶段的土壤盐分临界值，当土壤盐分低于该值时，作物产量不受土壤盐分的影响；S_j 为作物第 j 生育阶段的土壤含盐量；β_j 为作物第 j 生育阶段的盐分敏感系数；M 为划分的生育阶段数（考虑盐分对作物的影响）。

采用分步法确定作物水盐生产函数大大缩减了试验规模，可充分利用现有的咸水灌溉试验资料求取作物水盐生产函数。

彭世彰等（2000）总结了作物水分生产函数的典型模型，以 $Y-ET$ 关系为基础的作物水分生产函数大致可以分为两种。王军涛等（2012）在石羊河流域开展了不同矿化度微咸水灌溉试验，以国际上通用的作物水分生产模型为基础，构造了作物水盐响应模型，并结合函数求解了春玉米各个生育阶段的盐分敏感系数，得出春玉米的盐分敏感程度顺序为成熟期＜抽雄灌浆期＜拔节期＜苗期，并以交替灌溉试验进行验证。王仰仁等（1989）采用分步法，通过引入盐分胁迫因子，构建出作物水盐生产函数。不论是哪一种作物水盐生产函数，都是在某种特定条件下得出的，各有优劣。对于不同地区、不同作物，都需要根据具体条件建立相应的作物水盐生长函数。

1.3 微咸水滴灌研究进展

1.3.1 微咸水滴灌发展历程

滴灌思想起源于 1860 年德国人采用排水暗管的灌水过程，1913 年美国科罗拉多州立大学的 House 开发了专门的滴灌系统并进行了应用，作为滴灌技术的发展起点成为了世界上第一个真正意义上的滴灌工程。1920 年德国首次通过设备使水从孔眼流入到土壤当中，在灌溉水出流上进行了创新（Nakayama 等，1986；Abbott，1984；山仑，1990）。1934 年美国进行了首次滴灌管试验研究，随着塑料工业的发展，此后英国、荷兰及苏联的研究学者将滴灌技术应用到温室中，对花卉与蔬菜进行灌溉。20 世纪 50 年代，以色列研制成功了长流管式滴头，使滴头堵塞的问题得到了初步解决（薛志成，1998）。在第二次世界大战以后，滴灌技术得以长远发展。20 世纪 70 年代中期，以色列、澳大利亚、美国、新西兰、南非等国家开始大面积使用并推行滴灌技术；80 年代初期电子计算机在滴灌系统上得以应用。

我国 1974 年从墨西哥引进滴管技术，新疆生产建设兵团最先展开试验研究。发展至 1996 年，全国滴灌面积约为 7.3 万 hm^2。随后在河北、河南、山西、甘肃、新疆等地的推广面积逐步增大，2010 年全国滴灌面积发展至 140.7 万 hm^2，2013 年发展至 307 万 hm^2，占总灌溉面积的约 4.8%。

膜下滴灌技术是将具有增温保墒作用的覆膜种植技术与高频少量的滴灌技术结合而成的一种新型灌溉技术，将滴灌带铺设于地膜下，同时连接输水管道，即可组成田间膜下滴灌系统（李秀芬，2003）。膜下滴灌技术最早出现在 20 世纪 50 年代的以色列。美国研究者曾于 20 世纪 80 年代初在温室内做过有关膜下滴灌技术的试验，经过多年的发展，现已广泛应用于农业灌溉实践，国外膜下滴灌技术主要用于水果、蔬菜、花卉等经济价值高的作物（Kirkham，1999）。我国新疆生产建设兵团于 1995 年引进膜下滴灌技术，1996 年新疆生产建设兵团农八师将棉花薄膜覆盖栽培技术与滴灌技术相结合，从而形成了独特的棉花膜下滴灌技术，实现了节水、增产、节肥、增效等效果（严以绥，2003）。2002 年，新疆生产建设兵团农八师进一步发展和改善了利用河水进行膜下滴灌技术，同时也对膜下滴灌的造价、滴灌器、管材等进行了研究，使其亩投资大大降低。结果显示，在棉花和番茄上运用了膜下滴灌技术的新疆天业集团，其棉花产量可提高 30%～50%，番茄收入可增加 2 倍左右，而膜下滴灌棉花的灌水量比常规灌溉降低一半（陈伊锋，2008）。

目前，膜下滴灌技术除在新疆大面积推广外，还辐射推广到 20 多个省（自治区、直辖市），在甘肃、陕西、内蒙古等省（自治区）也得到了大面积的推广和应用，应用的作物品种也高达 30 种以上，包括玉米、番茄、草莓、甜瓜、洋葱、辣椒、卷心菜等。国内外学者多年对膜下滴灌的研究结果表明，膜下滴灌可使作物根密度增加、茎秆变粗、叶面积指数增大、早熟、产量增加和品质变优（粟晓玲等，2005；Wang Fengxin 等，2009；Bhella 等，1984，1985，1988；Tiwari 等，2003；Spiers 等，1986）。

人们把滴灌技术引入微咸水利用称为微咸水灌溉的一次革新。利用微咸水进行农业灌溉，其成功的关键在于是否能够控制土壤中的盐分累积达到限制作物生长的水平，以尽量减轻盐分对作物的危害程度。大量研究结果表明，采用滴灌的方式进行微咸水灌溉比传统的地面灌溉在减少水资源消耗的同时可获得更高的产量（李金刚等，2017；王毅等，2011）。一方面滴灌能够适时适量地进行灌溉，在作物根区创造出适宜的水、肥、气、热条件；另一方面由于淋洗作用，盐分向湿润锋附近积累，因而滴头下土壤含盐量比较小，有利于作物生长，但长期的微咸水滴灌很可能造成盐分向表层积聚，这些盐分会随着灌溉水或降水向下移动到作物根区，从而抑制作物对水分和养分的吸收，影响作物的生长和产量。从防止土壤次生盐碱化与盐碱地利用的角度讲，膜下滴灌可以认为是一个重大创举，滴灌与覆膜种植的有机结合不仅可以减少棵间蒸发，抑制地下水盐分上移，而且在滴灌的淋洗作用下，可以为作物根系创造一个良好的水盐环境。膜下滴灌技术被认为是最适合用于微咸水灌溉的方式（阮明艳，2007）。

微咸水滴灌技术在国外已经发展了 100 多年，研究内容主要集中于微咸水滴灌的水盐运移及分布规律、微咸水滴灌对作物生长的影响等方面。我国关于微咸水滴灌的实践是从 1974 年引入墨西哥滴灌设备后开始的，最初只是小规模的试用，1980 年后进入了理论及应用的研究阶段，微咸水滴灌在田间得到了较大范围的实践。

1.3.2 微咸水滴灌土壤水盐运移研究进展

研究土壤水盐运移规律，定量分析土壤水盐对作物生长的影响，建立合理的灌溉制度，对于发展节水农业、防止土壤盐渍化和次生盐渍化具有重要的意义。关于微咸水滴灌土壤水盐运移及分布，国内外学者进行了大量的研究，主要集中在灌溉水质、滴头流量、灌水量和土壤初始含水率对微咸水滴灌土壤水盐运移影响方面。

研究表明，滴灌条件下土壤水分和盐分迁移过程所形成的湿润体是以点源为中心的一个椭球体或球体。Oron 等（1999）则认为这种看法与实际情况是有一定偏差的，湿润体形状除了受重力的作用之外，还受到了土壤性质和作物根系分布的影响。吕殿青等（2001）对膜下滴灌土壤盐分分布特性进行了研究，并在滴灌条件下将盐碱地的盐分分布划分为达标脱盐区、未达标脱盐区和积盐区，通过一系列室内试验就灌水量、滴头流量、土壤初始含水量和初始含盐量对盐分分布特征进行了研究。Bresler（1973）、Clothier（1992）认为在地下滴灌条件下，盐分会被淋洗至更深的土体中，减轻对作物根系的危害，并且滴头附近改善的水分状况可以抵消水中盐分的影响。

王全九等（2000，2001）对膜下滴灌盐碱地水盐运移特征和影响因素进行了试验研究，结果表明，土壤盐分的运移较土壤水更易受到表面积水的影响，因此土壤含盐量的等值线分布不像湿润体那样规则；滴头流量和土壤初始含水量的增加利于水平压盐，而不利于垂直向下压盐。因此，利用膜下滴灌开发盐碱地滴头流量不宜过大，洗盐时间的选择要合理。土壤初始含盐量的增加也不利于盐分的淋洗，对于不同的盐碱地要根据土壤的盐碱化程度确定合理的淋洗需水量。王春霞等（2010）研究了灌水矿化度与灌水量对棉田滴灌湿润体水盐分布的影响，结果表明，3.5g/L 矿化度的微咸水滴灌下在 10～40cm 深度内盐分没有积累，可以满足耕作层内棉花生长，且该矿化度水质进行膜下滴灌在不小于 23m³/667m² 灌水定额下可行。马东豪等（2005）分析了在田间条件下，滴头流量、灌水量及灌水水质对微咸水点源入渗水盐运移的影响，结果表明，湿润锋与时间呈幂函数关系，滴头流量越大，深度方向上盐分累积越多，而水平方向上盐含量增加越不明显，充足的灌水量可以确保盐分的淋洗，但灌水矿化度增加会增加表层土壤含盐量。王振华等（2005）的室内试验结果证明地下滴灌条件下湿润体含水量的分布是在滴头处最高，向四周逐渐降低，而含盐量则是在滴头处最低，向周围逐渐升高。由于重力势的作用，在底部湿润锋处的含盐量最高，盐分分布与水分分布范围相同，含量相反，最终湿润体的形状是类圆柱体。逄焕成等（2004）在麦季利用 3～5g/L 矿化度的微咸水进行补充灌溉，两年后没有发生积盐现象，微咸水灌溉带入土体的盐分通过咸淡水轮灌和雨季自然淋洗，1m 深土体总盐量达到周年平衡。

马洁等（2010）以田间试验为基础对棉花滴灌土壤盐分的变化规律进行了分析研究，结果表明，滴灌为浅灌且可控性强，不会产生深层渗漏，土壤含盐量在整个灌水时期内较低，而其他时期相对较高；25～40cm 土层含盐量较低，表土层含盐量较高，40cm 以下土层为湿润区的底部，为盐分积聚区；在水平方向上，毛管之间湿润区的交界处为含盐量相对较高的积聚区。万书勤等（2008）对华北半湿润地区微咸水滴灌番茄耗水量和土壤盐分变化进行了研究，结果显示，番茄整个生育期累计耗水量随着灌溉水盐分浓度的增大而降低，随着土壤基质势控制的降低而降低；而水分利用效率随着灌溉水盐分浓度的增大略有增大的趋势，随着土壤基质势控制的降低明显升高；微咸水灌溉 3 年后，整个土体 0～90cm 深度土壤盐分没有明显增加。宁松瑞等（2014）总结了近年来膜下滴灌棉田水盐运移特征。从短期来看，膜下滴灌可以淋洗浅层土壤盐分，保证棉花正常生长；但从长远来看，由于膜下滴灌灌溉定额较小，无法将盐分从根区土体中排出，棉田始终处于积盐状态，土壤盐碱化程度不断增加。

1.3.3　微咸水滴灌对作物生长的影响研究进展

对于微咸水滴灌对作物生长的影响方面，Rotem 等（2002）认为利用咸水滴灌可以保持作物高产，这是其他灌水方法不可能达到的，研究结果表明，采用滴灌方式进行咸水灌溉比传统的地面灌溉可获得更高的产量，同时大大减少了水资源的消耗。郑凤杰等（2015）研究了不同矿化度微咸水滴灌对盆栽向日葵的生长影响，发现矿化度在 2～3.5g/L 时作物籽实的营养品质有了明显的改善和提高。魏红国等（2010）在新疆南疆地区研究了咸淡水交替滴灌对棉花产量及品质的影响，结果表明，采用微咸水 $2250m^3/hm^2$ 和淡水 $1500m^3/hm^2$ 轮灌棉花产量较高，不同的咸淡水滴灌对棉花纤维品质没有显著性的影响。杨启良等（2009）研究了 3 种不同滴灌方式对苹果幼树生长和水分传导的影响，发现滴灌方式对其有显著影响。孟宝民等（2001）对盐碱荒地膜下滴灌甜菜的生育规律进行了试验研究，结果表明，在盐碱这个特殊条件下，滴灌改变了耕层的土壤小气候，在充分节水的情况下，降低了膜下耕层土壤的盐分，膜内 $0\sim40cm$ 的含盐量明显下降，其排盐碱效果非常明显，膜间含盐量比膜内高，盐分被排到膜间土壤。在膜下滴灌条件下，甜菜的叶片数较正常的少，功能叶保持的时期长，水分已不是产量的限制因素，增施氮肥能提高产量；生长中心转移早，块根干物质积累时期长，糖分增长和糖分积累的时期相对延长，含糖率提高。邢文刚等（2003）进行了西瓜利用微咸水膜下滴灌与畦灌的应用研究，结果表明，$3g/L$ 的微咸水膜下滴灌比相应的畦灌节水 67.6%，西瓜增产 30.7%，含糖量增加 9.73%，在生育期内，膜下滴灌 $0\sim60cm$ 土层土壤的积盐量仅为畦灌的 32.3%。

综上所述，前人对微咸水滴灌已经进行了大量的研究，利用微咸水滴灌能够满足土壤作物生长对水分的需求，但灌溉的同时会带入土壤一定量的盐分，特别是在无合理的田间管理制度作为保证的条件下，如果长期使用微咸水灌溉，还会引起土壤次生盐渍化。因此，微咸水灌溉必须要在一定的前提条件下进行，其主要有以下两方面内容：一是要保证在微咸水灌溉的条件下，土壤含盐量不超过作物生长所允许的限度，从而保证作物的产量；二是保证一定周期内土体盐分达到平衡，土壤不发生盐分累积。而这些前提条件则主要通过合理的水盐调控方法来实现。因此，在研究微咸水灌溉条件下土壤水盐分布及作物耐盐性的基础上，结合试验地区气候、水质及土壤条件研究微咸水灌溉合理的水盐调控方法，建立作物水盐生长模型，是推进微咸水灌溉大面积推广的必要前提。

第2章　试验区概况与研究方案

2.1　试验区概况

本书试验是在山西省水利水电科学研究院节水高效示范基地内进行的,该基地位于太原市小店区东南部薛店村。小店区地处晋中盆地北端,地理位置为东经 112°24′～112°43′、北纬 37°36′～37°49′,属暖温带大陆性气候,四季分明,年平均气温为 9.6℃,年平均日照时数为 2675.8h,无霜期为 170d,年平均降水量为 495mm 左右。该地区属于汾河流域中游地区,地下水水位偏高,灌溉水矿化度偏高且有土壤次生盐渍化现象。

该基地占地 100 多亩,有日光温室大棚 10 个、连栋温室大棚 1 个,经过多年的建设与发展,形成了蔬菜、水果、粮食的多元化产业基地,以改良盐碱地为目的,采用微咸水与农业节水灌溉技术相结合的方式,利用现代化管理技术和完善的监测网络,构建成具有良好的生态环境和科学完善的管理模式的省内一流农业科技示范园区。

2.2　土壤基本物理参数及灌溉水质

2.2.1　试验土壤

试验点的土壤质地为黏壤土,从地表开始至 110cm 深处挖土壤剖面分层取土,对土壤的基本物理性质进行测定,包括土壤颗粒组成、体积含水率和土壤容重等。具体测定结果见表 2.1 和表 2.2。

表 2.1　　　　　　　　　　土壤基本物理性质

深度/cm	各级颗粒含量百分数/%			土壤质地
	$d \geqslant 0.02mm$	$0.002mm \leqslant d < 0.02mm$	$d < 0.002mm$	
0～20	25.47	33.88	40.65	黏壤土
20～40	31.74	35.51	32.75	黏壤土
40～80	22.40	33.89	43.71	黏壤土
80～110	22.40	44.24	33.36	黏壤土

注　d 为颗粒直径。

表 2.2		土壤物理参数	
深度/cm	田间持水率 θ_{FC}/(cm³/cm³)	饱和含水率 θ_s/(cm³/cm³)	土壤容重 γ/(g/cm³)
0~20	0.31	0.50	1.42
20~40	0.24	0.33	1.37
40~80	0.26	0.40	1.52
80~110	0.31	0.46	1.47

试验时，土壤经风干、碾压、混合、过筛（筛孔径为 2mm）后备用。经测定，土壤初始质量含水率为 3%，初始电导率为 0.75mS/cm。

2.2.2 试验水质

该试验所用的灌溉水源由试验基地的一口深水井和一口浅水井提供，深水井井深 180m，浅水井井深 80m，试验初对其进行取样，采用电导率仪对井水电导率进行测定，测定结果见表 2.3。该试验所用的微咸水是将这两种水按照一定的比例配置而成的。

表 2.3	地下水水质指标	
项目	矿化度/(g/L)	电导率/(mS/cm)
浅层地下水	5	7.45
深层地下水	1.7	2.75

2.3 微咸水滴灌条件下土壤水盐运移试验方案

2.3.1 试验设计

2.3.1.1 单点源入渗条件下土壤水盐运移试验设计

试验的目的是揭示不同滴头流量、入渗水矿化度条件下单滴头点源入渗土壤水盐运移规律。因此，试验以滴头流量和入渗水矿化度为控制因子，其中滴头流量设 3 个水平，分别为 7mL/min、9mL/min、11mL/min，入渗水矿化度设 4 个水平，分别为 1.7g/L（淡水）、3g/L、4g/L、5g/L（咸水），并设蒸馏水为对照处理，共 8 个处理，每个处理设 3 次重复。各处理灌水总量相同，均为 1260mL，各处理情况见表 2.4 和表 2.5。

表 2.4　　　　　　　　　　　不同滴头流量入渗试验方案

处理	入渗水矿化度/(g/L)	滴头流量/(mL/min)	灌水总量/mL
D1		7	
D2	3	9	1260
D3		11	

表 2.5　　　　　　　　　　不同入渗水矿化度入渗试验方案

处理	入渗水矿化度/(g/L)	滴头流量/(mL/min)	灌水总量/mL
D4	1.7		
D5	3		
D6	4	7	1260
D7	5		
D8（对照）	0（蒸馏水）		

2.3.1.2　两点源交汇入渗条件下土壤水盐运移试验设计

该试验选取两滴头之间 1/2 的湿润土体作为研究对象，设置滴头流量和滴头间距为控制因子，其中滴头流量设 3 个水平，分别为 7mL/min、9mL/min、11mL/min，滴头间距设 3 个水平，分别为 20cm、25cm、30cm。各处理灌水总量为 2520mL，单个滴头灌水量为 1260mL。具体处理情况见表 2.6 和表 2.7，每个处理设 3 次重复。

表 2.6　　　　　　　　　　　不同滴头流量入渗试验方案

处理	入渗水矿化度/(g/L)	滴头流量/(mL/min)	灌水总量/mL	滴头间距/cm
J1		7		
J2	3	9	2520	30
J3		11		

表 2.7　　　　　　　　　　　不同滴头间距入渗试验方案

处理	入渗水矿化度/(g/L)	滴头间距/cm	灌水总量/mL	滴头流量/(mL/min)
J4		20		
J5	3	25	2520	7
J6		30		

2.3.2　试验设备

试验装置主要由试验土箱［尺寸为 30cm×50cm×55cm（长×宽×高）］和供水设备两部分组成。试验土箱由有机玻璃制成，土箱上每隔 5cm 标有刻度线，便于分层装土，且在土箱两侧贴透明纸用以记录湿润锋的推进过程。供水设备采用马氏瓶，其截面积为 $30cm^2$，高度为 $70cm$。通过医用输液管连接马氏瓶出水口，用输液器针头模拟滴头。微咸水点源入渗试验装置如图 2.1 所示。

图 2.1 微咸水点源入渗试验装置图
1—灌水口；2—马氏瓶；3—进气口；4—输液管；5—土箱

2.3.3 试验步骤与测定项目

（1）将制备的土壤按设计土壤容重，每 5cm 为一层均匀装入土箱，每层均匀夯实后将土壤表面凿毛再继续按 5cm 一层装土，照此方法依次装满土箱。

（2）检查马氏瓶密封性，通过医用输液管连接马氏瓶出口，用输液器针头模拟滴头，滴头流量依靠输液器滑轮和水头高度控制。利用量筒和秒表率定滴头流量，调节滴头流量至试验要求。

（3）试验开始前，将滴头位置固定，记录马氏瓶初始读数。打开马氏瓶出水口，试验开始，同时用秒表计时。通过尺子测量湿润锋推进距离，记录时刻按照先密后疏的时间间隔（5min、10min、15min、20min、30min、40min、60min、90min、120min、150min、180min）。同时记录马氏瓶读数以便校正滴头流量。

（4）观测马氏瓶水量刻度，当入渗水量达到试验要求时，试验停止。

（5）表面积水完全入渗后利用小土钻开始取土。取土位置：以滴头为中心，水平方向每 4cm 设一取样点；垂直方向按层取土，每 2cm 为一层，直至湿润锋边缘。试验取样位置示意图如图 2.2 所示。

（6）将取得的土样装入铝盒，采用烘干法测土壤含水率；按水土比 5:1 将土样溶于蒸馏水中，静置过滤得到浸提液，利用 DDS-308 电导率仪测浸提液电导率值。

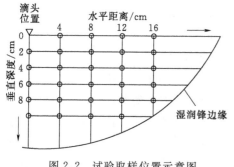

图 2.2 试验取样位置示意图

2.4 微咸水滴灌对西葫芦生长影响试验方案

2.4.1 试验设计

供试西葫芦品种为夏比特，属于耐热品种，其长势健壮，基部黑粗，株幅大，叶片略带白斑，易坐瓜，抗重茬，抗春季干热风，抗病毒病和白粉病。播前将试验田进行 20～30cm 翻耕并施肥，施肥量为 135kg/hm²。播种量严格控制在每穴 2 粒种子，播种深度为 2～3cm。灌水系统由灌溉水源、水泵、压力表、筛网式过滤器、闸阀、支管等组成。

2.4.1.1　灌溉水矿化度对西葫芦生长的影响研究

试验以灌溉水矿化度为控制因子，设置了 3 个水平，分别为 1.7g/L、3.5g/L 和 5g/L，每个处理设置 3 次重复。该试验在西葫芦种植方式（穴播种植）、种植密度（每公顷种植 27778 株西葫芦）、田间管理（根据温室内的气温适时对温室进行通风降温，在西葫芦进入开花期时喷洒抗白粉病农药）等均相同的情况下，在西葫芦整个生育期，通过灌水上、下限控制灌水量。灌水上限为田间持水率的 90%，灌水下限为田间持水率的 70%，试验设计方案见表 2.8。

表 2.8　　灌溉水矿化度对西葫芦生长的影响试验设计方案

处理号	灌溉水矿化度 /(g/L)	灌水下限 （占田间持水率的百分比）/%	灌水上限 （占田间持水率的百分比）/%
一	1.7	70	90
二	3.5	70	90
三	5	70	90

西葫芦播种时间为 2016 年 4 月 2 日，定植时间为 2016 年 4 月 13 日，收获时间为 2016 年 6 月 2 日，全生育期共 62d。西葫芦整个生育期共灌水 4 次，每次灌水定额为 58.38mm，计划湿润层深度为 40cm。

2.4.1.2　膜下滴灌水盐耦合对西葫芦生长的影响研究

为了研究不同灌水水平和不同灌水水质对西葫芦生长的影响，试验设置了 4 个因素，其中 3 个因素是西葫芦的生育阶段，分别为幼苗期、抽蔓期、开花结果期，在西葫芦的 3 个生育期分别设置了 3 个灌水水平，灌水下限和上限分别为 $70\% \theta_{FC}$ 和 $90\% \theta_{FC}$、$60\% \theta_{FC}$ 和 $80\% \theta_{FC}$、$50\% \theta_{FC}$ 和 $70\% \theta_{FC}$，另外 1 个因素是水质因素，设置了 3 个灌溉水矿化度水平，分别为 1.7g/L、3.5g/L 和 5g/L，采用正交试验设计，共 9 个处理（T1～T9），每个处理设置 3 次重复，试验设计方案见表 2.9。

西葫芦播种时间为 2016 年 8 月 2 日，定植时间为 2016 年 8 月 12 日，收获时间为 2016 年 10 月 5 日，全生育期共 65d。待西葫芦定植后开始进行不同土壤水分水平处理，定期对土壤水分进行监测。在试验中控制的土壤水分是指该生育阶段计划湿润层的土壤含水率，计划湿润层深度为 40cm，即当每个生育期计划湿润层的平均土壤含水率达到控制的灌水下限时，开始进行灌水，当达到设计灌水上限时停止灌溉，按照此步骤反复进行，从而使土壤含水率一直维持在设计水平。

表 2.9　　不同灌水水平和灌溉水矿化度对西葫芦生长的影响设计方案

| 处理 | 控水期间各处理灌水下限、上限 | | | | | | 灌溉水矿化度 /(g/L) |
| | 幼苗期 (8月12—26日) | | 抽蔓期 (8月27日至9月10日) | | 开花结果期 (9月11日至10月5日) | | |
	灌水下限 /%	灌水上限 /%	灌水下限 /%	灌水上限 /%	灌水下限 /%	灌水上限 /%	
T1	70	90	70	90	70	90	1.7
T2	70	90	60	80	60	80	3.5
T3	70	90	50	70	50	70	5
T4	60	80	70	90	60	80	5
T5	60	80	60	80	50	70	1.7
T6	60	80	50	70	70	70	3.5
T7	50	70	70	90	50	0	3.5
T8	50	70	60	80	70	90	5
T9	50	70	50	70	60	80	1.7

2.4.2　膜下滴灌西葫芦种植模式

膜下滴灌西葫芦种植模式如图 2.3 所示。每小区 2 垄，每垄长 6m，小区面积为 14.4m² (1.2m×6m×2)，每垄上布置两条滴灌带，滴灌带的控制方式为 "一膜两管两行"，滴灌带上的滴头采用内镶式滴头，滴头间距为 0.3m，滴头流量为 3L/h。每个小区种植 3 行西葫芦，第 4 行作为隔离带，每行种植 10 株，株距为 0.6m，行距为 0.6m。

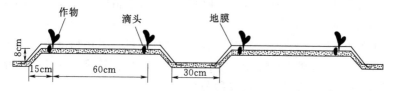

图 2.3　膜下滴灌西葫芦种植模式

2.4.3　观测项目与方法

(1) 生育期及灌水次数统计。从出苗开始观测西葫芦生长发育形状，记录各生育阶段划分的起止日期及每个生育期的灌水次数。两次试验西葫芦各生育期的灌水次数见表 2.10 和表 2.11。

表 2.10 各生育期灌水次数（一）

处理	西葫芦生育期			总灌水次数	总灌水量/mm
	幼苗期（4月13—27日）	抽蔓期（4月28日至5月10日）	开花结果期（5月11日至6月2日）		
1.7g/L	1	1	2	4	233.52
3.5g/L	1	1	2	4	233.52
5g/L	1	1	2	4	233.52

表 2.11 各生育期灌水次数（二）

处理	西葫芦生育期			总灌水次数	总灌水量/mm
	幼苗期（8月12—26日）	抽蔓期（8月27日至9月10日）	开花结果期（9月11日至10月5日）		
T1	1	2	4	7	408.66
T2	1	1	4	6	350.28
T3	1	1	3	5	291.90
T4	1	1	2	4	233.52
T5	1	1	3	5	291.90
T6	1	1	4	6	350.28
T7	1	1	3	5	291.90
T8	1	1	4	6	350.28
T9	1	1	3	5	291.90

（2）西葫芦生长指标的测定。

1）出苗率。播种后第3d开始记录每个小区西葫芦的出苗情况，每天记录一次，至第11d止，出苗的株数与播种时的种子数之比为西葫芦的出苗率。

2）株高。每个小区随机选取3株西葫芦，采用精度为0.01m的米尺从茎基部量至顶端。每5d测量一次。

3）叶面积指数。每个小区随机选取3株西葫芦，采用精度为0.01m的米尺测量每株每个叶片的长和宽及每株作物所占的地面面积，每5d测量一次。叶面积指数采用估算法得到，估算的公式为

$$S = KLB \tag{2.1}$$

$$LAI = \frac{\sum S}{A} \tag{2.2}$$

式中：LAI 为叶面积指数，m^2/m^2；S 为叶面积，m^2；K 为拟合系数，西葫芦取0.785；L 为叶子的长度，m；B 为叶子的宽度，m；A 为植株所占地面面积，m^2。

（3）含水率与电导率。采用 Diviner2000 便携式土壤水分速测仪检测 0～50cm 的土壤水分动态，每 10cm 为一层，每 5d 测定一次，同时用土钻取土样用烘干法进行校验，每次灌水前后 24h 取土样测定其含水率，垂直滴管带与滴头的水平距离分别为 0cm、10cm、20cm（分别表示为 $r=0$cm、$r=10$cm、$r=20$cm），深度分别为 0～10cm，10～20cm，20～30cm，30～40cm、40～50cm。将试验土样放在实验室内自然风干，粉碎后过 1mm 筛，取土水比 1∶5 的土壤溶液浸提液，用 DDS－308 电导率仪对其进行测定分析。

（4）产量的测定。当西葫芦进入结果期时，开始对西葫芦进行采摘，头瓜质量为 400～500g 时开始采收，之后 2～3d 采摘一次，用电子秤称其质量，计算其产量。

（5）作物耗水量。耗水量采用水量平衡方程计算，水量平衡方程表示为

$$ET = P_0 + I - \Delta W - S - G \tag{2.3}$$

其中
$$\Delta W = 10\gamma H(W_1 - W_0) \tag{2.4}$$

式中：ET 为生育期总耗水量，mm；P_0 为生育期内降水量，mm；I 为生育期内灌水量，mm；ΔW 为土壤水变化量，mm；W_0、W_1 分别为灌前和收获后土壤质量含水率，%；S 为深层渗漏量，mm；G 为地下水补给量，mm；H 为土壤水计算深度，cm；γ 为土壤干容重，g/cm^3。

因为该试验是在日光温室中进行的，所以有效降雨量为零，即 $P_0=0$，且不存在地下水补给，作物不能利用地下水，故地下水利用量 $G=0$。滴灌属于局部灌溉，灌水量小，故没有深层渗漏发生，即 $S=0$。因此，式（2.3）可简化为

$$ET = I - \Delta W \tag{2.5}$$

即西葫芦的实际耗水量为累计灌溉水总量与土壤水分变化量的差值。

（6）水分利用效率。水分利用效率表示为

$$WUE = \frac{Y}{ET} \tag{2.6}$$

式中：WUE 为水分利用效率，kg/m^3；Y 为产量，kg/m^2；ET 为作物耗水量，mm。

2.5 数据处理

采用 Microsoft Office Excel 2013 软件对数据进行处理，采用 Surfer12.0 软件绘制等值线图，采用 Origin9.0 软件进行图形绘制，采用 1stOpt 软件进行曲线拟合。

第 3 章 单点源微咸水入渗条件下土壤水盐运移特性研究

微咸水滴灌单点源土壤水盐分布是进行微咸水滴灌设计和管理的基础，本章针对单点源入渗，研究不同滴头流量和入渗水矿化度条件下湿润锋的范围、形状、大小及湿润体内土壤含水率、含盐量的分布，分析不同影响因子下单点源微咸水入渗土壤水盐运移特征，为微咸水地表滴灌的实际应用提供理论依据。

3.1 滴头流量对土壤水盐运移特性的影响分析

滴头流量是滴灌设计的一项重要参数，滴头流量选取的差别会导致相同时间内入渗水量不同，土壤湿润体的形状和大小明显不同，土壤含水率和盐分分布也不同（肖娟等，2007；张振华等，2002）。本节试验均是在入渗水矿化度为 3g/L 的条件下进行的。

3.1.1 滴头流量对土壤湿润体特性的影响

3.1.1.1 滴头流量对土壤湿润体分布的影响

图 3.1 为不同滴头流量条件下单点源入渗湿润锋推进图。由图 3.1 可知，各处理下湿润锋的形状相似，均是以滴头为中心的 1/4 椭圆形，随着入渗时间的增加，各处理下的水平湿润锋推进距离和垂直湿润锋推进距离均逐渐增大，即湿润体体积随入渗时间的增大而增大。每一处理下，在相同的入渗时间内，水平湿润锋推进距离均明显大于垂直湿润锋推进距离，这是因为试验所用的土壤为黏壤土，导致水分在水平方向运动较快，而在垂直方向运动较慢。进一步比较不同流量下湿润锋推进图可知，滴头流量越大，水平湿润锋推进的距离越远，垂直方向推进的距离越近，滴头流量 7mL/min、9mL/min 和 11mL/min 对应的最大水平湿润锋距离分别为 18cm、19.4cm 和 22.5cm，最大垂直湿润锋距离分别为 13.8cm、13.2cm 和 11.4cm。

表 3.1 对比了各处理下在 5min、15min、30min、60min、120min 5 个入渗时刻水平湿润距离和垂直湿润距离的比值（X/Z）。由表 3.1 可知，入渗时间相同时，滴头流量越大宽深比值（D/Z）越大；同一处理下，随着入渗时间的增加，宽深比值（D/Z）逐渐减小。这主要是因为滴头流量越大，表层

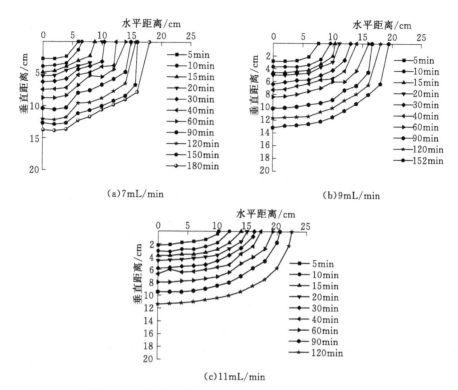

(a)7mL/min   (b)9mL/min

(c)11mL/min

图3.1 不同滴头流量条件下单点源入渗湿润锋推进图

越易形成积水，水分向水平方向运动更快，同时供试土壤为黏壤土，水分不易
下渗，最终导致水分垂直运移较缓慢。

表3.1 不同处理下湿润体的宽深比

处理	滴头流量 /(mL/min)	宽深比 D/Z				
		5min	15min	30min	60min	120min
D1	7	2.22	1.83	1.65	1.59	1.30
D2	9	2.71	2.26	1.88	1.79	1.54
D3	11	4.64	3.68	2.79	2.41	1.97

同时，对灌水结束时的湿润锋采用椭圆方程［式（3.1）］进行拟合，拟合
结果见表3.2。由表3.2可知，湿润锋形状采用椭圆方程拟合时，拟合的决定
系数在0.98及以上，说明不同滴头流量处理下湿润锋形状可采用椭圆方程描
述。同时，随着流量增大，参数 a 逐渐增大，参数 b 逐渐减小，这是因为参数
a 为椭圆的长半径，即最大水平湿润锋推进距离，参数 b 为椭圆的短半径，即
最大垂直湿润锋推进距离。

$$\frac{x^2}{a^2} + \frac{y^2}{b^2} = 1 \qquad (3.1)$$

表 3.2　　　　　　　　　　不同处理下湿润体拟合结果表

处理	滴头流量/(mL/min)	a	b	R^2
D1	7	18.00	13.64	0.98
D2	9	19.40	13.36	0.99
D3	11	22.50	11.62	0.99

3.1.1.2　水平湿润锋和垂直湿润锋推进规律分析

图 3.2 为不同滴头流量条件下单点源入渗水平湿润锋和垂直湿润锋随时间变化图。由图 3.2 可知，随着入渗时间增大，水平湿润锋和垂直湿润锋均增大，但增大幅度逐渐减小。同一时间，滴头流量越大，水平湿润锋推进距离越大，但垂直湿润锋推进距离越小。采用乘幂函数［式（3.2）］对不同滴灌流量处理下湿润锋推进距离与时间的关系进行拟合，拟合结果见表 3.3，其中决定系数最小为0.9756，说明不同处理下水平湿润锋推进距离和垂直湿润锋推进距离与时间符合乘幂关系。参数 a 表示第一个时刻末湿润锋推进距离，由表 3.3 可知，随着滴头流量增大，水平湿润锋的 a 逐渐增大，垂直湿润锋的 a 逐渐减小。

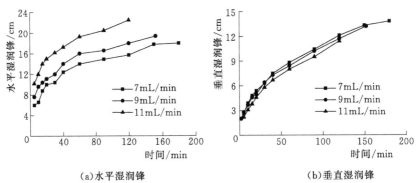

（a）水平湿润锋　　　　　　　　　　　　（b）垂直湿润锋

图 3.2　不同滴头流量条件下单点源入渗水平湿润锋
和垂直湿润锋随时间变化图

$$L = at^b \qquad (3.2)$$

表 3.3　　　　　不同处理下水平湿润锋和垂直湿润锋拟合结果表

湿润锋类型	处理	滴头流量/(mL/min)	a	b	R^2
	D1	7	1.3623	0.4538	0.9977
垂直湿润锋	D2	9	1.3239	0.4558	0.9983
	D3	11	0.9583	0.5181	0.9977

湿润锋类型	处理	滴头流量/(mL/min)	a	b	R^2
水平湿润锋	D1	7	3.5872	0.3184	0.9756
	D2	9	4.9947	0.271	0.9906
	D3	11	7.0056	0.2447	0.9932

对式（3.2）求导可得到式（3.3），即不同滴灌流量处理下湿润锋推进速度，其参数见表3.4。由式（3.3）可知，在不同滴头流量条件下，湿润锋推进速度随时间的变化规律表现为：随着入渗时间的延长，湿润锋推进速度由刚开始的相对陡峭逐渐变为相对缓平，即在滴灌入渗初期（0～40min），推进速度较大，随着入渗时间的延长，推进速度逐渐降低，这是由于入渗初期，水力梯度较大，初始湿润锋推进快，随着入渗时间的延长，水力梯度迅速减小，推进速度减慢。式（3.3）中，参数 c 表示第一个时刻末湿润锋推进速度，由表3.4可知，垂直湿润锋的参数 c 随着滴头流量的增大而减小，即第一个时刻末垂直湿润锋推进速度随着滴头流量增大而减小；水平湿润锋的参数 c 随着滴头流量的增大而增大，即第一个时刻末水平湿润锋推进速度随着滴头流量增大而增大。

$$V = abt^{b-1} = ct^{-d} \tag{3.3}$$

表 3.4　　　　**不同处理下水平湿润锋和垂直湿润锋推进速度参数表**

湿润锋类型	处理	滴头流量/(mL/min)	c	d
垂直湿润锋	D1	7	0.6183	0.5462
	D2	9	0.6034	0.5442
	D3	11	0.4965	0.4819
水平湿润锋	D1	7	1.1422	0.6816
	D2	9	1.3526	0.7290
	D3	11	1.7145	0.7553

3.1.2　滴头流量对土壤水分运移规律的影响

3.1.2.1　滴头流量对水平方向土壤含水率分布的影响

图3.3为不同滴头流量条件下水平方向土壤含水率分布图。由图3.3可知，不同滴头流量处理下土壤含水率沿水平方向变化趋势一致，均为随着水平距离增大，土壤含水率逐渐减小。但滴头流量不同，土壤含水率分布的范围不同，滴头流量为7mL/min、9mL/min和11mL/min时土壤含水率在水平方向分布的范围分别为0～19cm、0～20cm和0～23cm，滴头流量越大，水平方向

分布的范围越大，这是由于该试验土壤为黏壤土，渗透性能差，滴灌时地表有积水，滴头流量越大，地表积水范围越大所致。

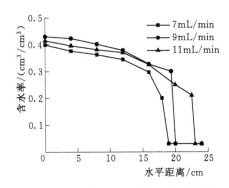

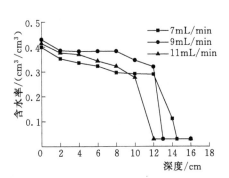

图3.3　不同滴头流量条件下水平方向　　图3.4　不同滴头流量条件下垂直方向
　　　　土壤含水率分布图　　　　　　　　　　土壤含水率分布图

3.1.2.2　滴头流量对垂直方向土壤含水率分布的影响

图3.4为不同滴头流量条件下垂直方向土壤含水率分布图。由图3.4可知，不同滴头流量处理下土壤含水率沿深度变化趋势一致，均为随着深度增大，土壤含水率逐渐减小。但滴头流量不同，土壤含水率分布的范围不同，滴头流量为7mL/min、9mL/min和11mL/min时土壤含水率在垂直方向分布的范围分别为0～14.5cm、0～13cm和0～12cm，滴头流量越大，垂直方向分布的范围越小。

3.1.2.3　滴头流量对土壤含水率空间分布的影响

图3.5为不同滴头流量条件下单点源入渗土壤含水率分布图。由图3.5可知，各处理下土壤含水率分布规律一致，土壤含水率均是以滴头为中心，向四周逐渐减小，呈1/4椭圆状分布，各处理对应的含水率值在滴头附近最大，距离滴头越远，含水率值越小。从图3.5中可以看出，滴头流量不同，土壤含水率在水平方向和垂直方向分布的范围不同，水平方向，随着滴头流量增大，含水率的分布范围也增大，垂直方向，滴头流量越大，含水率的分布范围越小。

3.1.3　滴头流量对土壤盐分运移规律的影响

3.1.3.1　土壤盐分水平方向变化分析

图3.6为不同滴头流量条件下水平方向土壤电导率分布图。由图3.6可知，不同滴头流量处理下土壤电导率沿水平方向变化趋势一致，均为随着水平距离增大，土壤电导率先保持一个相对较小值，然后在湿润锋处急剧增大，超过湿润锋处土壤电导率又骤降至土壤初始电导率。但滴头流量不同，土壤电导率峰值出现的位置不同，滴头流量为7mL/min、9mL/min和11mL/min时土壤电导率最大值出现的位置分别为18cm、19.4cm和22.5cm，滴头流量越大，

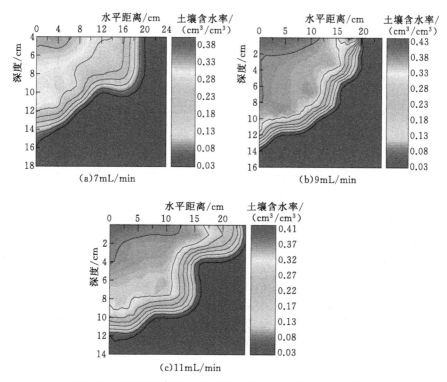

(a)7mL/min

(b)9mL/min

(c)11mL/min

图 3.5 不同滴头流量条件下单点源入渗土壤含水率分布图

土壤电导率峰值在水平方向出现的位置越远，这是因为盐分在土壤中主要依靠对流作用运移，盐分主要累积在湿润锋附近，滴灌流量越大，湿润锋在水平方向运移越远，盐分累积峰值出现的位置也越远。

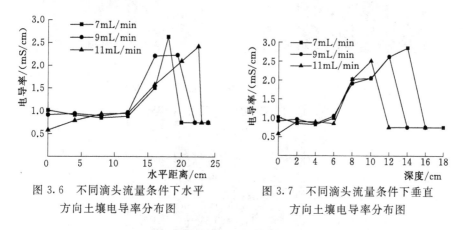

图 3.6 不同滴头流量条件下水平
方向土壤电导率分布图

图 3.7 不同滴头流量条件下垂直
方向土壤电导率分布图

3.1.3.2 土壤盐分垂直方向变化分析

图 3.7 为不同滴头流量条件下垂直方向土壤电导率分布图。由图 3.7 可

知，不同滴头流量处理下土壤电导率沿深度变化趋势一致，均为随着深度增大，土壤电导率先保持一个相对较小值，然后在湿润锋处急剧增大，超过湿润锋处土壤电导率又骤降至土壤初始电导率。但滴头流量不同，土壤电导率峰值出现的位置不同，滴头流量为 7mL/min、9mL/min 和 11mL/min 时土壤电导率最大值出现的位置分别为 14cm、12cm 和 10cm，滴头流量越大，土壤电导率峰值在深度方向出现的位置越近。

3.1.3.3　土壤盐分空间分布分析

图 3.8 为不同滴头流量条件下单点源入渗土壤电导率分布图。由图 3.8 可知，不同滴头流量处理下，土壤电导率空间分布规律一致，即以滴头为中心，向四周依次可以分为低盐区、盐分累积区和盐分不变区。低盐区在滴头附近呈 1/4 椭圆状分布，滴头流量越大，低盐区在水平方向分布越远，垂直方向分布越近。盐分累积区分布在低盐区外侧，呈 1/4 椭圆带状分布，滴头流量越大，盐分累积区在水平方向距滴头越远，在垂直方向距滴头越近。其原因是在土壤中盐随水动，盐分累积在水分运动的前锋，因此灌水结束时滴灌土壤盐分累积区与湿润前锋的分布一致。盐分不变区是盐分累积区外层土壤电导率没有变化的区域，这是因为滴灌时水分没有运动到该区域，所以土壤盐分也没有发生改变。

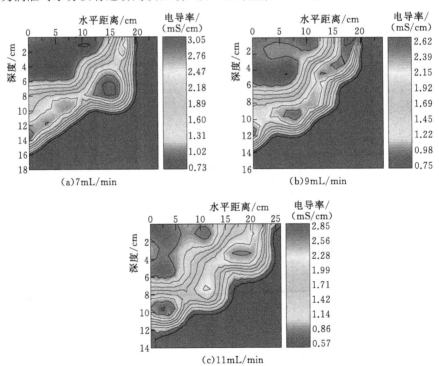

图 3.8　不同滴头流量条件下单点源入渗土壤电导率分布图

3.2　入渗水矿化度对土壤水盐运移特性的影响分析

与传统的淡水灌溉不同，微咸水由于含有较多的盐分离子，用其进行滴灌会对入渗土壤的理化性质产生较大影响，改变土壤入渗特性，导致土壤中水盐运移也与传统的淡水入渗条件下有所差别（王全九等，2015）。因此，为了高效、安全地利用微咸水资源，有必要准确掌握微咸水入渗下的土壤水盐运移规律。

3.2.1　入渗水矿化度对土壤湿润体特性的影响

3.2.1.1　入渗水矿化度对滴灌湿润体分布的影响

图3.9为不同入渗水矿化度条件下单点源入渗湿润锋推进图。由图3.9可知，各处理下湿润锋形状相似，均是以滴头为中心的1/4椭圆形，随着入渗时间的增加，各处理下的水平湿润锋推进距离和垂直湿润锋推进距离均逐渐增大，即湿润体体积随入渗时间的增大而增大。每一处理下，在相同的入渗时间内，水平湿润锋推进距离均明显大于垂直湿润锋推进距离，这是因为试验所用的土壤为黏壤土，导致水分在水平方向运动较快，而在垂直方向运动较慢。进一步比较不同入渗水矿化度下湿润锋推进图可知，随着入渗水矿化度增大，水平湿润锋最大推进距离先减小后增大，垂直湿润锋最大推进距离先增大后减小。这可能由两方面的原因造成：一是因为采用微咸水滴灌提高了土壤的盐分浓度，促进土壤颗粒絮凝，使其形成团粒结构增大了土壤大孔隙，最终土壤渗透能力增强，水分垂直向下入渗能力增强而表层不易形成积水，因此水平方向湿润锋推进距离减小；二是因为随着入渗时间的延长，入渗水矿化度越高，进入到土壤中的钠离子含量越多，而钠离子的增多会导致土壤胶体分散度加大，影响团粒结构，使得土壤导水能力反而下降，造成水平方向更易积水，运动更快，垂直方向相对运动变慢（王全九等，2004；吴忠东等，2005，2007；肖振华等，1998）。在这两方面原因的共同作用下，导致入渗水矿化度小于3g/L时，矿化度越大，水平湿润锋越小，垂直湿润锋越大；入渗水矿化度大于3g/L时，矿化度越大，水平湿润锋越大，垂直湿润锋越小。

同时，对灌水结束时的湿润锋采用椭圆方程［式（3.4）］进行拟合，拟合结果见表3.5。由表3.5可知，湿润锋形状采用椭圆方程拟合时，拟合的决定系数在0.87以上，说明不同入渗水矿化度处理下湿润锋形状可采用椭圆方程描述。同时，随着矿化度增大，参数a先减小后增大，参数b先增大后减少，这是因为参数a为椭圆的长半径，即最大水平湿润锋推进距离，参数b为椭圆的短半径，即最大垂直湿润锋推进距离。

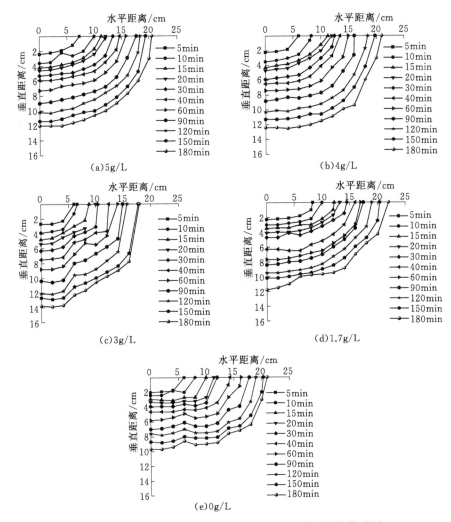

图 3.9　不同入渗水矿化度条件下单点源入渗湿润锋推进图

$$\frac{x^2}{a^2} + \frac{y^2}{b^2} = 1 \tag{3.4}$$

表 3.5　　　　　　　　　不同处理下湿润体拟合结果表

矿化度/(g/L)	a	b	R^2
5	20.69	12.19	0.99
4	20.66	12.94	0.98
3	18.00	13.64	0.98
1.7	21.40	11.14	0.98
0（蒸馏水）	21.99	9.98	0.87

3.2.1.2 水平湿润锋和垂直湿润锋推进规律分析

图 3.10 不同入渗水矿化度条件下单点源入渗水平湿润锋和垂直湿润锋随时间变化图。由图 3.10 可知，随着入渗时间增大，水平湿润锋和垂直湿润锋均增大，但增大幅度逐渐减小。同一时间，随着入渗水矿化度增大，水平湿润锋最大推进距离先减小后增大，垂直湿润锋最大推进距离先增大后减小。采用乘幂函数 [式 (3.5)] 对不同入渗水矿化度处理下湿润锋推进距离与时间的关系进行拟合，拟合结果见表 3.6，其中决定系数最小为 0.9564，说明不同处理下水平湿润锋推进距离和垂直湿润锋推进距离与时间符合乘幂关系。参数 a 表示第一个时刻末湿润锋推进距离，由表 3.6 可知，随着入渗水矿化度增大，水平湿润锋的参数 a 先减小后增大，垂直湿润锋的参数 a 先增大后减小。

$$L = at^b \qquad (3.5)$$

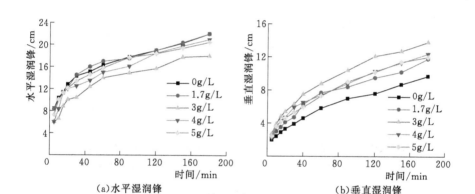

(a)水平湿润锋　　　　　　　　(b)垂直湿润锋

图 3.10　不同入渗水矿化度条件下单点源入渗水平湿润锋和
垂直湿润锋随时间变化图

表 3.6　　　　不同处理下水平湿润锋和垂直湿润锋拟合结果表

湿润锋类型	矿化度/(g/L)	a	b	R^2
垂直湿润锋	0	0.8687	0.4577	0.9931
	1.7	1.0471	0.4638	0.9901
	3	1.3623	0.4538	0.9977
	4	1.1842	0.4538	0.9913
	5	1.2279	0.4400	0.9955
水平湿润锋	0	5.7437	0.2550	0.9936
	1.7	5.5473	0.2644	0.9873
	3	3.5872	0.3184	0.9977
	4	4.1669	0.3138	0.9564
	5	5.2391	0.2672	0.9828

3.2.2　入渗水矿化度对土壤水分运移规律的影响

3.2.2.1　入渗水矿化度对水平方向土壤含水率分布的影响

图3.11为不同入渗水矿化度条件下水平方向土壤含水率分布图。由图3.11可知，不同入渗水矿化度处理下土壤含水率沿水平方向变化趋势一致，均为随着水平距离增大，土壤含水率逐渐减少。但入渗水矿化度不同，土壤含水率分布的范围不同，入渗水矿化度为0g/L、1.7g/L、3g/L、4g/L、5g/L时土壤含水率在水平方向分布的范围分别为0～24cm、0～23cm、0～20cm、0～21cm和0～22cm，随着入渗水矿化度增大，水平方向分布的范围先减小后增大。

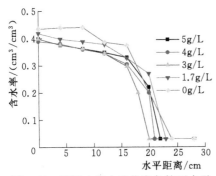

图3.11　不同入渗水矿化度条件下水平
方向土壤含水率分布图

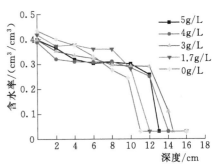

图3.12　不同入渗水矿化度条件下垂直
方向土壤含水率分布图

3.2.2.2　入渗水矿化度对垂直方向土壤含水率分布的影响

图3.12为不同入渗水矿化度条件下垂直方向土壤含水率分布图。由图3.12可知，不同入渗水矿化度处理下土壤含水率沿深度变化趋势一致，均为随着深度增大，土壤含水率逐渐减小。但入渗水矿化度不同，土壤含水率分布的范围不同，入渗水矿化度为0g/L、1.7g/L、3g/L、4g/L、5g/L时土壤含水率在垂向分布的范围分别为0～11cm、0～12cm、0～14.5cm、0～14cm和0～13cm，随着入渗水矿化度增大，垂向分布的范围先增大后减小。

3.2.2.3　入渗水矿化度对土壤含水率空间分布的影响

图3.13为不同入渗水矿化度条件下单点源入渗土壤含水率分布图。由图3.13可知，各处理下土壤含水率分布规律一致，土壤含水率均是以滴头为中心，向四周逐渐减小，呈1/4椭圆状分布，各处理对应的含水率值在滴头附近最大，距离滴头越远，含水率值越小。从图3.13中可以看出，入渗水矿化度不同，土壤含水率在水平方向和垂直方向分布的范围不同，水平方向，随着入渗水矿化度增大，含水率的分布范围先减小后增大，垂直方向，随着入渗水矿化度增大，含水率的分布范围先增大后减小。这是由入渗水矿

化度和随水进入土壤的钠离子对土壤导水能力共同影响的结果。随着入渗水矿化度的增大，土壤溶液中盐分浓度逐渐增大，扩散双电子层向黏粒表面压缩，土壤颗粒之间的排斥力降低，增强了土壤胶体的絮凝作用，有助于形成团粒结构，增加了土壤大孔隙的比例使得其导水能力增加；而入渗水矿化度增大的同时，随水进入土壤的钠离子逐渐增多，导致胶体分散加大，黏粒扩张明显，对土壤导水能力又产生抑制效果，这就表明当入渗水矿化度大于3g/L时，钠离子的作用大于矿化度的作用，反之入渗水矿化度小于 3g/L 时，钠离子的作用不显著。

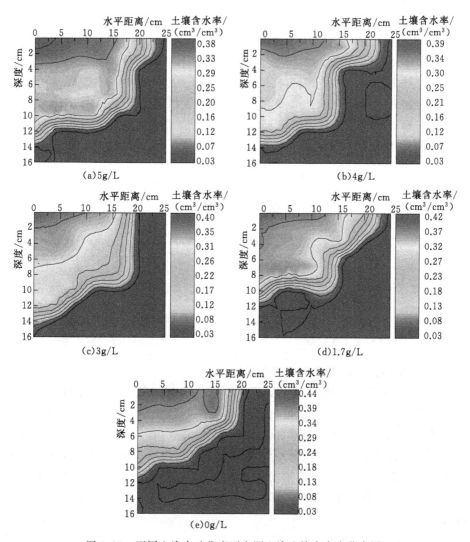

图 3.13　不同入渗水矿化度下点源入渗土壤含水率分布图

3.2.3　入渗水矿化度对土壤盐分运移规律的影响

3.2.3.1　土壤盐分水平方向变化分析

图 3.14 为不同入渗水矿化度条件下水平方向土壤电导率分布图。由图 3.14 可知，不同入渗水矿化度处理下土壤电导率沿水平方向变化趋势一致，均为随着水平距离增大，土壤电导率先保持一个相对较小值，然后在湿润锋处急剧增大，超过湿润锋处土壤电导率又骤降至土壤初始电导率，这是因为盐分在土壤中主要依靠对流作用运移，盐分主要累积在湿润锋附近。由图 3.14 进一步分析可知，入渗水矿化度越高，土壤电导率越大，其中在水平方向 0～12cm 区域，入渗水矿化度为 0g/L、1.7g/L 时的土壤电导率比土壤初始电导率低，而入渗水矿化度为 3g/L、4g/L、5g/L 时的土壤电导率比土壤初始电导率高。这主要由两方面原因造成：一方面，盐随水动，水分向前运动可使盐分向湿润锋聚集，造成 0～12cm 区域盐分下降；另一方面，微咸水在入渗的同时也把盐分带入到土壤内，所以造成入渗水矿化度越高，土壤电导率也越高。

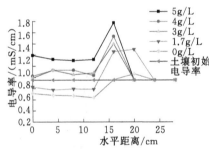

图 3.14　不同入渗水矿化度条件下水平方向土壤电导率分布图

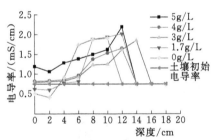

图 3.15　不同入渗水矿化度条件下垂直方向土壤电导率分布图

3.2.3.2　土壤盐分垂直方向变化分析

图 3.15 为不同入渗水矿化度条件下垂直方向土壤电导率分布图。由图 3.15 可知，不同入渗水矿化度处理下土壤电导率沿深度变化趋势一致，均为随着深度增大，土壤电导率先保持一个相对较小值，然后在湿润锋处急剧增大，超过湿润锋处土壤电导率又骤降至土壤初始电导率。当入渗水矿化度小于 3g/L 时，在 0～4cm 深度范围内出现不同程度的脱盐区，当入渗水矿化度大于 3g/L 时，土壤盐分均有所增加，且入渗水矿化度越大盐分含量越高。

3.2.3.3　土壤盐分空间分布分析

图 3.16 为不同入渗水矿化度条件下单点源入渗土壤电导率分布图。由

图3.16可知，不同入渗水矿化度处理下，土壤电导率空间分布规律一致，即以滴头为中心，向四周依次可以分为低盐区、盐分累积区和盐分不变区。低盐区在滴头附近呈1/4椭圆状分布，入渗水矿化度越大，低盐区土壤电导率越小。盐分累积区分布在低盐区外侧，呈1/4椭圆带状分布，其原因是在土壤中盐随水动，盐分累积在水分运动的前锋，因此灌水结束时滴灌土壤盐分累积区与湿润前锋的分布一致。盐分不变区是盐分累积区外层土壤电导率没有变化的区域，这是因为滴灌时水分没有运动到该区域，所以土壤盐分也没有发生改变。

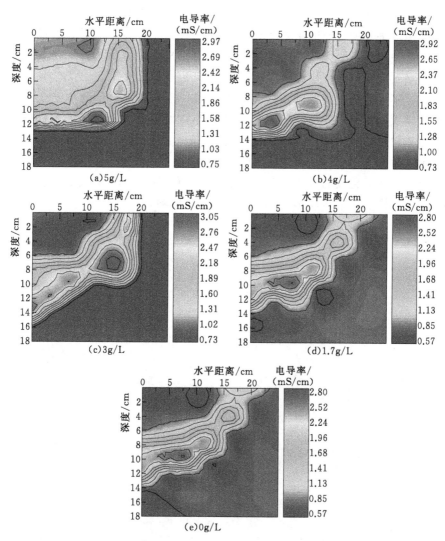

图3.16　不同入渗水矿化度条件下单点源入渗土壤电导率分布图

3.3 小结

本章针对单点源入渗条件下滴头流量和入渗水矿化度对土壤湿润体特性及水盐运移规律的影响进行分析研究，得出以下结论：

（1）滴头流量的大小对湿润锋的推进会产生明显的影响，尤其在水平方向上较显著。滴头流量越大，水平湿润锋推进越快，表层越容易积水，宽深比越大。滴头流量越大，湿润体上部水量越多。

（2）不同滴头流量条件下微咸水滴灌土壤盐分主要累积在土壤湿润锋附近，滴头流量越大，湿润锋在水平方向运移越远，盐分累积峰值出现的位置也越远；滴头流量越大，盐分累积峰值在垂向出现的位置越近。对于单点源入渗，小滴头流量对土壤盐分有一定的淋洗作用。

（3）不同矿化度的微咸水入渗能力不同，当入渗水矿化度小于 3g/L 时，矿化度越大，水平方向湿润锋推进距离越小，而垂直方向湿润锋推进距离越大；当入渗水矿化度大于 3g/L 时，矿化度越大，水平方向湿润锋推进距离反而越大，垂直方向湿润锋推进距离反而越小。

（4）不同矿化度的微咸水滴灌土壤盐分分布规律一致，均是在土壤湿润锋附近聚集，灌溉水矿化度越大，土壤中盐分含量越大。

第4章 两点源交汇入渗条件下土壤水盐运移试验研究

对于株距较小的密植作物，为满足其需水要求，滴头间距设置要相对较小，在水分入渗初期，两相邻滴头下的土壤湿润体相互独立不发生影响，此时为单点源条件下的入渗，随着入渗水量的增加，湿润体体积不断扩大，两相邻土壤湿润区在滴灌管带伸展方向水流首先交汇并逐渐形成湿润带，此时为两点源交汇入渗（郑凤杰等，2015；李发永等，2013；王锦辉等，2016；董玉云等，2015；李毅等，2013；姜素云，2011；王伟娟等，2010，费良军等，2003；李发文，2002）。当入渗水流交汇后，湿润体特性发生改变，土壤内水盐运移规律受到交汇区的影响也与单点源入渗情况不同（郭力琼，2016；孙海燕，2008；弋鹏飞，2011），因此本章针对交汇后的土壤湿润体特性和水盐分布的状况作出分析。

4.1 滴头间距对土壤湿润体特性及湿润体内水盐运移的影响

本章试验均是在入渗水矿化度为 3g/L 的条件下进行的。

4.1.1 滴头间距对土壤湿润体特性的影响

图 4.1 为不同滴头间距条件下湿润锋二维分布图。由图 4.1 可知，不同间距条件下的微咸水滴灌土壤湿润锋分布特性基本一致，即土壤水分运动分为两阶段：第一阶段为自由入渗，在该阶段微咸水滴灌土壤湿润锋与单点源滴灌土壤湿润锋分布一致，土壤湿润锋呈 1/4 椭圆形分布；随着入渗历时增加，土壤水平湿润锋不断增大，当相邻两点源入渗的水平湿润锋出现交接时，入渗进入干扰入渗阶段，两个相邻水平湿润锋开始出现交汇和相互干扰，并形成零通量面，此阶段水平湿润锋不再增大，湿润锋在交汇面处改为垂向运移。

由于 3 种处理下的土壤物理性质及试验条件一致，因此，在湿润锋交汇之前的自由入渗阶段，3 种处理后的湿润锋各个方向的推进速度及分布特征基本一致。3 种不同滴头间距处理后的湿润锋差异主要集中在湿润锋交汇之后，因此，对湿润锋交汇时间的确定显得尤为重要。表 4.1 所列为不同滴头

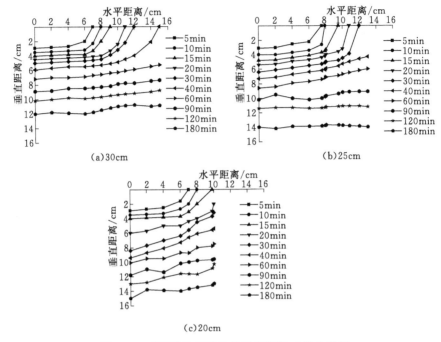

图 4.1 不同滴头间距条件下湿润锋二维分布图

间距条件下的湿润锋交汇时刻。由图 4.1 和表 4.1 可知，经 20cm、25cm 和 30cm 滴头间距处理后的湿润锋交汇时刻分别为 15min、27min 和 40min，说明滴头间距越大，湿润锋交汇时间越迟，滴头间距越小，垂向湿润锋运移越远。

表 4.1 不同滴头间距条件下湿润锋交汇时刻

项目	滴头间距		
	20cm	25cm	30cm
交汇时刻/min	15	27	40

图 4.2 为不同滴头间距条件下交汇面湿润锋动态变化过程。由图 4.2（a）可以看出，不同滴头间距处理后的交汇锋水平推移距离均随时间增长而增大，但增大的速度越来越小。在相同入渗时间条件下，滴头间距越大，交汇锋的水平推移距离越小，说明交汇锋的水平推移速度与滴头间距呈负相关关系。由图 4.2（b）可以看出，不同滴头间距处理后的交汇锋垂向推移距离均随时间增长而增大，但增大的速度越来越小。在相同入渗时间条件下，滴头间距越大，交汇锋的垂向推移距离越小，说明交汇锋的垂向推移速度与滴头间距呈负相关关系。

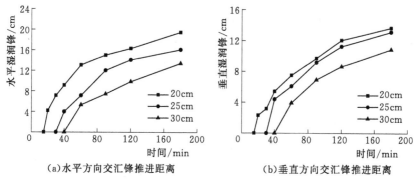

（a）水平方向交汇锋推进距离　　　　（b）垂直方向交汇锋推进距离

图 4.2　不同滴头间距条件下交汇面湿润锋动态变化过程

4.1.2　滴头间距对土壤水分运移的影响

　　为了进一步揭示不同滴头间距对土壤含水率分布特征的影响，以两滴头连线为轴线，取垂直于该轴线的两个典型剖面［滴头所在剖面（即滴头剖面）、零通量面（即交汇剖面）］进行分析。图 4.3 为典型剖面的土壤含水率径向分布特征图。由图 4.3（a）可以看出，对于滴头剖面而言，不同滴头间距处理后的土壤含水率随水平距离的增加呈现先缓慢减小，然后急剧减小，最后趋于稳定的变化趋势。20cm 滴头间距处理的滴头剖面的径向土壤含水率明显高于其他两个处理。由图 4.3（b）可以看出，对于交汇剖面而言，不同滴头间距处理后的土壤含水率随水平距离的增加呈现先缓慢减小，然后急剧减小，最后趋于稳定的变化趋势。25cm 和 30cm 滴头间距处理的滴头剖面的径向土壤含水率基本接近，并明显小于 20cm 滴头间距处理的结果。

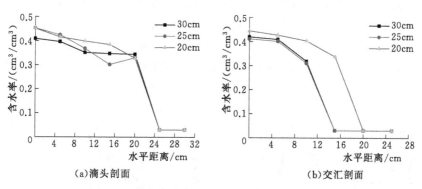

（a）滴头剖面　　　　　　　　　　　（b）交汇剖面

图 4.3　典型剖面的土壤含水率径向分布特征图

　　图 4.4 为典型剖面的土壤含水率垂向分布特征图。由图 4.4（a）可以看出，对于滴头剖面而言，不同滴头间距处理后的土壤含水率随深度的增加呈现先缓慢减小，然后急剧减小，最后趋于稳定的变化趋势。25cm 和 20cm 滴头

间距处理的滴头剖面的垂向土壤含水率基本接近，并明显大于 30cm 滴头间距处理的结果。由图 4.3（b）可以看出，对于交汇剖面而言，不同滴头间距处理后的土壤含水率随深度的增加呈现先缓慢减小，然后急剧减小，最后趋于稳定的变化趋势。不同滴头间距处理的交汇剖面的垂向土壤含水率大小表现为 25cm 滴头间距处理＞20cm 滴头间距处理＞30cm 滴头间距处理。

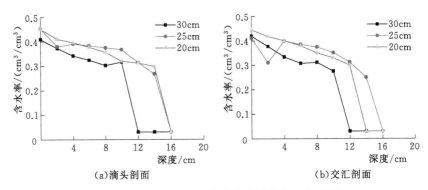

图 4.4　典型剖面的土壤含水率垂向分布特征图

4.1.3　滴头间距对土壤盐分运移的影响

图 4.5 为典型剖面的土壤电导率垂向分布特征图。由图 4.5（a）可以看出，对于滴头剖面而言，不同滴头间距处理后的土壤电导率随深度的增加呈现先增大，然后减小，最后趋于稳定的变化趋势。不同滴头间距处理的滴头剖面的垂向土壤电导率基本接近。由图 4.5（b）可以看出，对于交汇剖面而言，不同滴头间距处理后的土壤电导率随深度的增加呈现先增大，然后减小，最后趋于稳定的变化趋势。由图 4.5（b）还可以看出，经 D20、D25 和 D30 处理后的土壤电导率峰值分别为 3.56mS/cm、2.18mS/cm 和 2.72mS/cm，出锋位置为 12cm、8cm 和 12cm 深度处，说明 3 种滴头间距处理后的土壤电导率

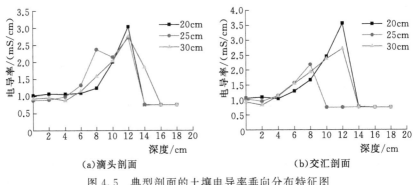

图 4.5　典型剖面的土壤电导率垂向分布特征图

峰值和出锋位置存在明显的差异，这是由于在相同入渗时间条件下，当滴头间距不同时，相邻湿润锋的交汇范围大小不同导致的。

图 4.6 为不同滴头间距条件下土壤电导率分布图。由图 4.6 可知，不同滴头间距处理下土壤电导率分布规律一致，均为随着深度增大土壤电导率先增大后减小，土壤电导率在土壤湿润锋附近聚集。与单点源滴灌微咸水入渗相比，两点交汇入渗的土壤电导率在水平方向分布更加均匀。这是由于，在交汇入渗条件下，土壤水分交汇后在交汇面形成零通量面，在水平方向不再运移，而改为向下运移，从而导致水分和盐分在水平方向分布更加均匀。进一步比较可知，滴头间距越小，土壤电导率最大值出现位置越深，土壤盐分淋洗深度越深。因此，滴头间距越小，越利于土壤脱盐。

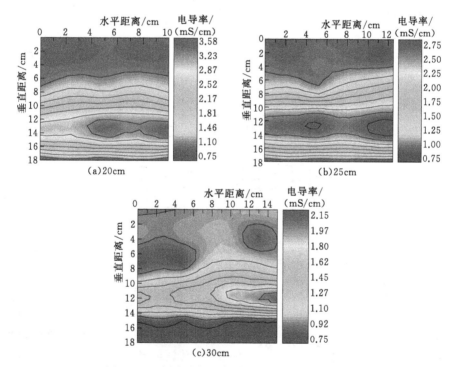

图 4.6　不同滴头间距条件下土壤电导率分布图

4.2　滴头流量对土壤湿润体特性及湿润体内水盐运移的影响

4.2.1　滴头流量对土壤湿润体特性的影响

图 4.7 为不同滴头流量条件下湿润锋二维分布图。由图 4.7 可知，不同滴头流量条件下的微咸水滴灌土壤湿润锋分布特性基本一致，即土壤水分运动分为两

个阶段：第一阶段为自由入渗，在该阶段微咸水滴灌土壤湿润锋与单点源滴灌土壤湿润锋分布一致，土壤湿润锋呈1/4椭圆形分布；随着入渗历时增加，土壤水平湿润锋不断增大，当相邻两点源入渗的水平湿润锋出现交接时，入渗进入干扰入渗阶段，两个相邻水平湿润锋开始出现交汇和相互干扰，并形成零通量面，此阶段水平湿润锋不再增大，湿润锋在交汇面处改为垂向运移。对图4.7进一步分析可知，滴头流量越大，湿润锋交汇时间越早，垂向湿润锋运移越远。

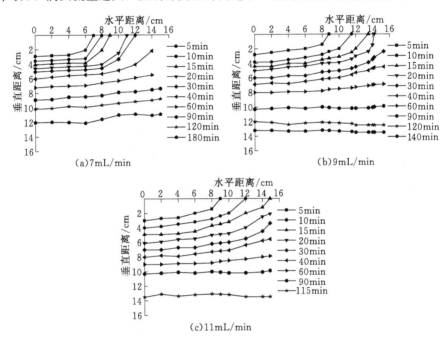

图 4.7 不同滴头流量条件下湿润锋二维分布图

图 4.8 为不同滴头流量条件下交汇面湿润锋动态变化过程。由图 4.8 可以

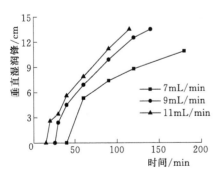

图 4.8 不同滴头流量条件下交汇面湿润锋动态变化过程

看出，不同滴头流量处理后的交汇锋垂向推移距离均随时间呈现对数型增长趋势。在相同入渗时间条件下，当滴头流量越大时，交汇锋垂向推移距离越大，说明交汇锋垂向推移速度与滴头流量呈正相关关系。为了进一步准确描述交汇锋垂向推移深度与时间的关系，采用式（4.1）形式的对数函数，对不同滴头流量条件下的交汇锋垂向动态变化过程进行拟合，拟合结果见表 4.2。由表 4.2 可知，不同滴头流量处理后的交汇锋垂向推移深度与时间的

拟合系数介于 0.9427~0.9921，说明不同滴头流量处理后的交汇锋垂向动态变化过程可较好地符合上述的对数函数形式。

$$S = a\ln t + b \tag{4.1}$$

式中：S 为交汇锋的垂直入渗深度，cm；t 为入渗时间，min；a、b 为拟合参数。

表 4.2　　　　　　　　交汇锋垂直入渗深度拟合参数

滴头流量/(L/min)	a	b	R^2
7	6.8876	−24.188	0.9427
9	7.5918	−23.995	0.9921
11	0.121	−0.269	0.9612

4.2.2　滴头流量对土壤水分运移的影响

为了进一步揭示不同滴头流量对土壤含水率分布特征的影响，以两滴头连线为轴线，取垂直于该轴线的两个典型剖面［滴头所在剖面（即滴头剖面）、零通量面（即交汇剖面）］进行分析。图 4.9 为典型剖面的土壤含水率垂向分布特征图。由图 4.9（a）可以看出，对于滴头剖面而言，不同滴头流量处理后的土壤含水率随深度的增加呈现先缓慢减小，然后急剧减小，最后趋于稳定的变化趋势。9mL/min 和 11mL/min 滴头流量处理的滴头剖面的垂向土壤含水率基本接近，并明显高于 7mL/min 滴头流量处理的结果。由图 4.9（b）可以看出，对于交汇剖面而言，不同滴头流量处理后的土壤含水率随深度的增加呈现先缓慢减小，然后急剧减小，最后趋于稳定的变化趋势。7mL/min 和 11mL/min 滴头流量处理的交汇剖面的垂向土壤含水率基本接近，并明显小于 9mL/min 滴头流量处理的结果。

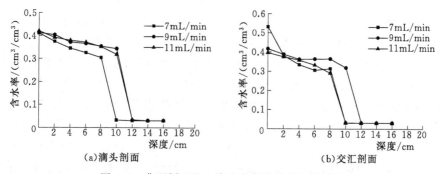

图 4.9　典型剖面的土壤含水率垂向分布特征图

图 4.10 为典型剖面的土壤含水率径向分布特征图。由图 4.10（a）可以

看出，对于滴头剖面而言，不同滴头流量处理后的土壤含水率随水平距离的增加呈现先缓慢减小，然后急剧减小，最后趋于稳定的变化趋势。3 种不同滴头流量处理的滴头剖面的径向土壤含水率较为接近，无明显差异。由图4.10（b）可以看出，对于交汇剖面而言，不同滴头流量处理后的土壤含水率随水平距离的增加呈现先缓慢减小，然后急剧减小，最后趋于稳定的变化趋势。当水平距离小于 4cm 时，3 种滴头流量处理的交汇剖面的径向土壤含水率非常接近。当水平距离超过 4cm 后，9mL/min 和 11mL/min 滴头流量处理的交汇剖面的径向土壤含水率基本接近，并明显大于 7mL/min 滴头流量处理的结果。

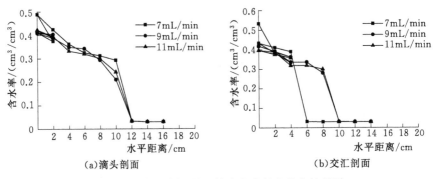

图 4.10　典型剖面的土壤含水率径向分布特征图

4.2.3　滴头流量对土壤盐分运移的影响

图 4.11 为典型剖面的土壤电导率垂向分布特征图。由图 4.11（a）可以看出，对于滴头剖面而言，不同滴头流量处理后的土壤电导率随深度的增加呈现先增大，然后减小，最后趋于稳定的变化趋势。在表层 0～10cm 范围内，当滴头流量越大时，土壤电导率越小；在 10～25cm 范围内，7mL/min 和9mL/min 滴头流量处理的滴头剖面的土壤电导率基本接近，并明显小于11mL/min 滴头流量处理的结果。由此可以说明，当滴头流量增加时有助于滴头位置处土壤表层盐分的淋洗，使盐分随着水流向深层土壤移动。由图4.11（b）可以看出，对于交汇剖面而言，不同滴头流量处理后的土壤电导率随深度的增加呈现先增大，然后减小，最后趋于稳定的变化趋势。由图4.11（b）还可以看出，7mL/min、9mL/min 和 11mL/min 处理后的土壤电导率峰值分别为 3.40mS/cm、2.23mS/cm 和 2.54mS/cm，出锋位置为 25cm、20cm 和 15cm 深度处，说明 3 种滴头流量处理后的土壤电导率峰值和出锋位置存在明显的差异，这是由于在相同入渗时间条件下，当滴头流量不同时，相邻湿润锋的交汇范围大小不同导致的。

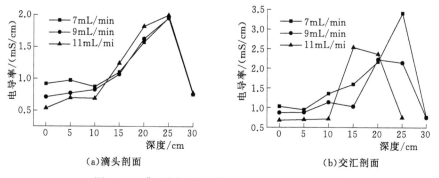

（a）滴头剖面　　　　　　　　　　（b）交汇剖面

图4.11　典型剖面的土壤电导率垂向分布特征图

图4.12为不同滴头流量条件下土壤电导率分布图。由图4.12可知，不同滴头流量处理下土壤电导率分布规律一致，均为随着深度增大土壤电导率先增大后减小，土壤电导率在湿润锋附近聚集。与单点源滴灌微咸水入渗相比，两点交汇入渗的土壤电导率在水平方向分布更加均匀。这是由于，在交汇入渗条件下，土壤水分交汇后在交汇面形成零通量面，在水平方向不再运移，而改为向下运移，从而导致水分和盐分在水平方向分布更加均匀。进一步分析图4.12可知，滴头流量越大，土壤电导率最大值出现位置越深，土壤盐分淋洗

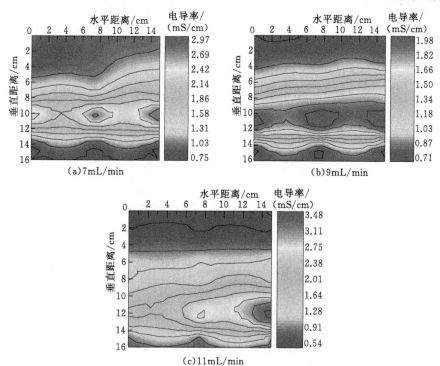

（a）7mL/min　　　　　　　　　　（b）9mL/min

（c）11mL/min

图4.12　不同滴头流量条件下土壤电导率分布图

深度越深。因此，滴头流量越大，越利于土壤脱盐。

4.3　小结

本章针对两点源交汇入渗条件下滴头间距和滴头流量对土壤湿润体及水盐运移规律的影响进行分析研究，得出以下结论：

（1）微咸水两点源交汇入渗条件下土壤水分运动分为两个阶段：第一阶段为自由入渗，在该阶段微咸水滴灌土壤湿润锋与单点源滴灌土壤湿润锋分布一致，土壤湿润锋呈1/4椭圆形分布；随着入渗历时增加，土壤水平湿润锋不断增大，当相邻两点源入渗的水平湿润锋出现交接时，入渗进入干扰入渗阶段，在此阶段，两个相邻水平湿润锋开始出现交汇和相互干扰，并形成零通量面，此阶段水平湿润锋不再增大，湿润锋在交汇面处改为垂向运移。滴头间距越远，湿润锋交汇时间越迟，滴头间距越小，垂向湿润锋运移越远。滴头流量越大，湿润锋交汇时间越早，垂向湿润锋运移越远。

（2）不同滴头流量和滴头间距处理下土壤电导率分布规律一致，均为随着深度增大土壤电导率先增大后减小，土壤电导率在土壤湿润锋附近聚集。与单点源滴灌微咸水入渗相比，两点交汇入渗的土壤电导率在水平方向分布更加均匀。这是由于，在交汇入渗条件下，土壤水分交汇后在交汇面形成零通量面，在水平方向不再运移，而改为向下运移，从而导致水分和盐分在水平方向分布更加均匀。滴头流量越大，土壤电导率最大值出现位置越深，土壤盐分淋洗深度越深。滴头间距越小，土壤电导率最大值出现位置越深，土壤盐分淋洗深度越深。

第 5 章　灌溉水矿化度对膜下滴灌西葫芦生长的影响

与传统的淡水灌溉不同，微咸水含有较多的盐分离子，利用微咸水进行滴灌一方面会增加土壤中的含盐量，对入渗土壤的理化性质产生较大影响，改变土壤入渗特性；另一方面，土壤盐分和理化性质的改变也会对作物的生长和产量造成影响。因此，为了保证作物正常生长，就必须选用恰当的灌溉水矿化度。本章将进行灌溉水矿化度对膜下滴灌西葫芦生长的影响研究，以期遴选出西葫芦高产的微咸水矿化度。

5.1　灌溉水矿化度对土壤水分分布的影响

5.1.1　灌溉水矿化度对土壤水分垂向一维分布的影响

图 5.1 为不同灌溉水矿化度处理下土壤含水率垂向一维分布图。为了揭示滴灌条件下水分分布特征，分别选择灌溉前 1d 和灌溉后 1d 进行土壤含水率的垂向分布特性分析。由图 5.1 可以看出，在灌前 1d，在任意径向位置处，不同灌溉水矿化度处理下的土壤含水率均随土壤深度增加而呈现逐渐增大的变化趋势，近似呈线性变化特征，这是由于土壤表层的大气蒸发力强，土壤水分散失大引起的。

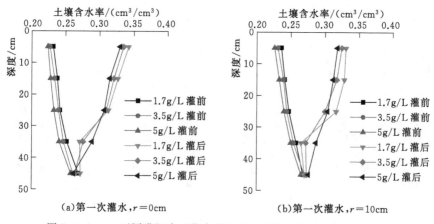

（a）第一次灌水，$r=0$cm　　　（b）第一次灌水，$r=10$cm

图 5.1（一）　不同灌溉水矿化度处理下土壤含水率垂向一维分布图

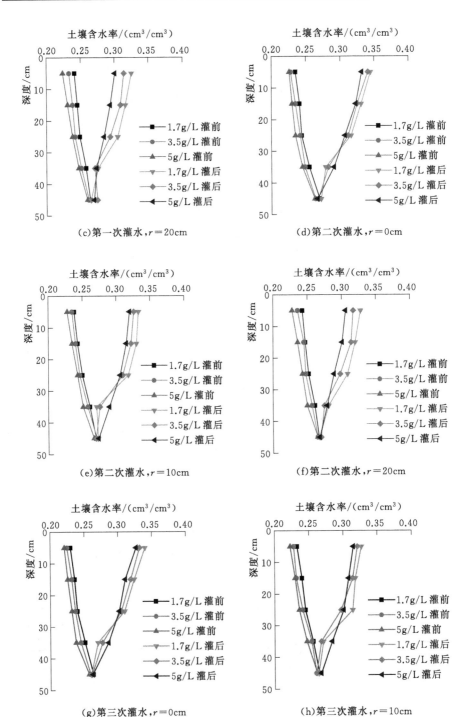

图 5.1（二）　不同灌溉水矿化度处理下土壤含水率垂向一维分布图

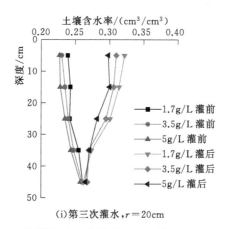

(i)第三次灌水，$r=20cm$

图5.1（三）　不同灌溉水矿化度处理下土壤含水率垂向一维分布图

由图5.1还可以看出，不同灌溉水矿化度处理后的土壤含水率均随深度的增加基本呈现逐渐减小的变化趋势。与灌前含水率分布特征进行比较，可以发现灌后滴头正下方土壤含水率最高，距离滴头越远，土壤含水率越低（王振华等，2005；王一民等，2010），湿润体的最大深度基本位于35cm左右。但灌溉水矿化度不同，土壤含水率大小不同。以第一次灌后土壤含水率分布特征为典型进行分析。由图5.1可以看出，在径向0cm和10cm位置处，当土壤深度为0～25cm时，不同灌溉水矿化度处理下的土壤含水率大小表现为1.7g/L矿化度处理＞3.5g/L矿化度处理＞5g/L矿化度处理。但当土壤深度为25～45cm时，不同灌溉水矿化度处理下的土壤含水率大小表现为5g/L矿化度处理＞3.5g/L矿化度处理＞1.7g/L矿化度处理。也就是说，在同一观测时刻，灌溉水矿化度越大，中上层（0～25cm）土壤含水率越小，中下层（25～45cm）土壤含水率越大，由此可以说明灌溉水矿化度越大，土壤水分沿垂向的推移越快。在径向20cm位置处，在任意深度位置处，不同灌溉水矿化度处理下的土壤含水率大小均表现为1.7g/L矿化度处理＞3.5g/L矿化度处理＞5g/L矿化度处理。这与0cm和10cm径向位置处的土壤含水率垂向分布特征明显不同。不同灌溉水矿化度处理下的土壤含水率沿径向均呈现逐渐减小的变化趋势。在相同深度位置处（0～25cm），不同灌溉水矿化度处理后的土壤含水率大小在径向分布上均表现为1.7g/L矿化度处理＞3.5g/L矿化度处理＞5g/L矿化度处理，说明在中上层（0～25cm）土壤中，灌溉水矿化度越小，水分沿水平方向上的推移越快（郭力琼等，2016）。而在中深层（25～45cm）土壤中，土壤含水率的径向推移速度与矿化度呈负相关关系。这是因为5g/L矿化度处理的微咸水中少量的盐分会提高土壤溶液的电解质浓度，有利于土壤颗粒发生絮凝，颗粒性团聚体数量增加，有效地改善了土壤状况，抑制了土壤黏粒弥散现象的发生，维持了土壤适当的入渗能力，因此 5g/L 矿化度处理的水分在垂直方向的运移速度快。

5.1.2　灌溉水矿化度对土壤水分二维分布的影响

图 5.2 为不同灌溉水矿化度处理下土壤水分二维分布图。由图 5.2 可以看出，不同灌溉水矿化度处理下的土壤含水率均随垂向距离和径向距离的增加而呈现减小趋势。这是由于滴灌后，滴头附近形成饱和区，重力作用大于毛细管作用，水分由滴头处向四周扩散，随着距滴头距离的增加，土壤含水率逐渐降低，土壤基质势也随之降低，土壤水吸力变大，土壤水分运动变慢导致的。

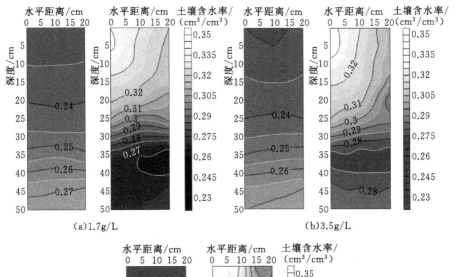

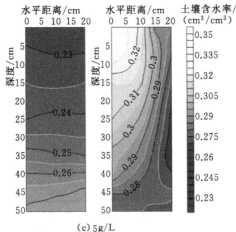

图 5.2　不同灌溉水矿化度处理下土壤水分二维分布图
（左图为灌前、右图为灌后）

由图 5.2 还可以看出，经 1.7g/L、3.5g/L 和 5g/L 矿化度处理后的湿润体形状分别为半圆状（半径 20cm）、半椭圆状（长轴 30cm，短轴 20cm）和半椭圆状（长轴 40cm，短轴 15cm）。说明不同灌溉水矿化度处理后的土壤湿润体的形状较为相似，但范围大小略有不同，从整体来看，当灌溉水矿化度越低时，湿润体越宽浅，当灌溉水矿化度越高时，湿润体越窄深。导致此现象的原因是：进行灌溉后，土壤水分在水平方向上仅会受到土壤基质势作用，然而在垂向上还会受到重力势作用，因此，土壤水分在垂向上的入渗速率会快于水平方向，导致湿润体呈现为椭球形。此外，灌溉水中的盐分离子能够与土壤胶体及土壤中原有的离子发生交换作用，使钙镁离子置换掉吸附在土壤胶体上的钠离子，从而改变土壤团粒结构，使得土壤中大孔隙数量增加。当灌溉水矿化度越高时，离子置换作用越强，土壤大孔隙数量增加越多，土壤水分入渗越快，因此，相对 1.7g/L 矿化度处理的效果而言，5g/L 矿化度处理的湿润体会显得较为窄深。

5.1.3　全生育期 0～50cm 土层土壤平均含水率动态变化

　　图 5.3 为全生育期 0～50cm 土层土壤平均含水率动态变化过程。由图 5.3 可以看出，在 0～20cm 和 20～50cm 深度范围内，不同灌溉水矿化度处理后的土壤平均含水率均随时间呈现"波浪形"的波动趋势。在 0～20cm 深度范围内，在试验前中期（5 月 12 日以前），不同灌溉水矿化度处理后的土壤平均含水率大小表现为 1.7g/L 矿化度处理＞3.5g/L 矿化度处理＞5g/L 矿化度处理，而在试验中后期（5 月 12 日以后），3 种处理间的大小关系并不稳定。在 20～50cm 深度范围内，在整个生育期中，不同灌溉水矿化度处理后的土壤平均含水率大小始终表现为 5g/L 矿化度处理＞3.5g/L 矿化度处理＞1.7g/L 矿化度

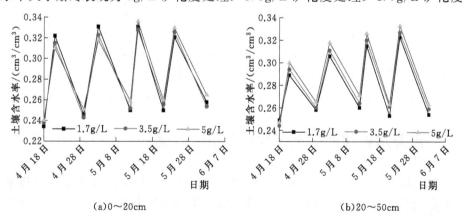

(a)0～20cm　　　　　　　　　　　　　　(b)20～50cm

图 5.3　全生育期 0～50cm 土层土壤平均含水率动态变化过程

处理。这可能是因为当灌溉水矿化度较高时会引起土壤盐分浓度增大，导致西葫芦吸水困难，作物耗水减少，土体储水量增加。

　　为了深入揭示不同灌水矿化度对土壤平均含水率动态变化过程的影响，利用 IBM SPSS 19.0 软件对不同处理下的土壤平均含水率进行统计学分析，结果见表 5.1。由表 5.1 可知，经不同灌溉水矿化度处理后的土壤平均含水率的极大值、极小值和均值大小均表现为 5g/L 矿化度处理＞3.5g/L 矿化度处理＞1.7g/L 矿化度处理。从时间变异性来看，不同灌溉水矿化度处理下的土壤平均含水率随时间的波动变异性存在差异。在 0～20cm 深度范围内，经 5g/L 矿化度处理后的土壤平均含水率时间变异性最大，3.5g/L 矿化度处理的次之，1.7g/L 矿化度处理的最小，说明 0～20cm 深度范围内土壤平均含水率变异系数与灌溉水矿化度呈正相关关系。但在 20～50cm 深度范围内，土壤平均含水率时间变异系数与灌溉水矿化度呈负相关关系。

表 5.1　　　　不同灌溉水矿化度处理下土壤平均含水率统计特征值

统计指标	矿化度	深度	
		0～20cm	20～50cm
极大值/(cm³/cm³)	1.7g/L	0.3280	0.3230
	3.5g/L	0.3310	0.3270
	5g/L	0.3360	0.3330
极小值/(cm³/cm³)	1.7g/L	0.2340	0.2440
	3.5g/L	0.2380	0.2470
	5g/L	0.2400	0.2490
均值/(cm³/cm³)	1.7g/L	0.2817	0.2786
	3.5g/L	0.2826	0.2822
	5g/L	0.2854	0.2873
变异系数	1.7g/L	0.1490	0.1070
	3.5g/L	0.1410	0.1100
	5g/L	0.1310	0.1120

5.2　灌溉水矿化度对土壤盐分分布的影响

　　"盐随水走"，土壤中的水分是盐分运移的载体，因此土壤中的盐分随着水分的迁移而运动。土壤水分的分布对盐分的分布有着显著影响，土壤盐分的变化是由灌水量、灌水水质、土壤质地、土壤初始含盐量和根系吸水等因素所引起的。用微咸水进行膜下滴灌后，盐分被灌溉水带到土壤湿润体边缘，灌溉水对表层土壤有淋洗作用，故土壤含盐量在滴头处最低，向周围逐渐升高，在重力势的作用下，盐分最终在湿润锋处累积，使湿润区边缘的土壤含盐量最高。

5.2.1 灌溉水矿化度对土壤盐分垂向一维分布的影响

图 5.4 为不同灌溉水矿化度处理下土壤电导率垂向一维分布图。为了揭示滴灌条件下盐分分布特征，分别选择灌溉前 1d 和灌溉后 1d 进行土壤电导率的垂向分布特性分析。由图 5.4 可以看出，在灌前 1d，在任意径向位置处，不同灌溉水矿化度处理下的土壤电导率在表层处最大，随着土层深度的增加，土壤电导率呈现逐渐降低的趋势，这是由于土壤表层的大气蒸发力强，土壤盐分被带至土壤表层。灌水后，在滴头正下方和距滴头水平距离 10cm 的径向位置处，在地表 0～10cm 土层范围内，各处理的土壤电导率均显著降低，说明用微咸水灌溉对土壤盐分有一定的淋洗作用，随着土层深度的增加，土壤电导率呈现先增大后减小的趋势。这是因为灌溉后土壤中的盐分被灌溉水带到土壤湿

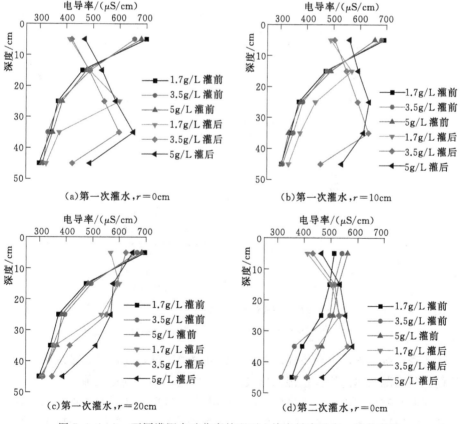

图 5.4（一） 不同灌溉水矿化度处理下土壤电导率垂向一维分布图

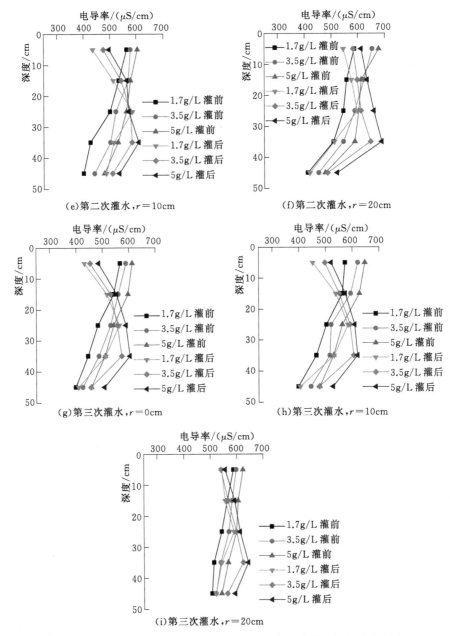

图 5.4（二）　不同灌溉水矿化度处理下土壤电导率垂向一维分布图

润体边缘，所以土壤电导率在滴头正下方处显著降低，向周围逐渐增大，盐分最终累积在湿润体边缘，使湿润体边缘的土壤电导率达到最大值。

灌溉水矿化度不同，土壤电导率大小不同，以第一次灌水为例，第一次灌水后，在距滴头水平距离 20cm 的径向位置处，1.7g/L 矿化度处理的表层土壤电导率显著降低，而3.5g/L和5g/L矿化度处理的土壤电导率变化不大；1.7g/L矿化度处理下，土壤电导率的最大值出现在距地表25cm处，说明1.7g/L矿化度的灌溉水将盐分淋洗至25cm土层深度，该土层发生盐分累积现象，在距地表35cm土层以下，土壤电导率没有什么变化；对于3.5g/L和5g/L矿化度处理，土壤电导率的最大值则出现在距地表35cm左右处，说明3.5g/L和5g/L矿化度的灌溉水将盐分淋洗至35cm土层深度，该土层发生盐分累积现象，在距地表40cm以下，土壤电导率均大于灌前土壤电导率；在同一深度土层，土壤电导率从大到小依次为5g/L矿化度处理＞3.5g/L矿化度处理＞1.7g/L矿化度处/理。

这是因为1.7g/L矿化度的微咸水中盐分浓度较低，这种微咸水能使土壤黏粒扩散，降低土壤的入渗性能，从而加快了水分在水平方向的运动，因此，相同时间内，1.7g/L矿化度处理的水分在水平方向的运移速度大于另外两个处理，而3.5g/L和5g/L矿化度的微咸水中含有高浓度的盐分，增加了土壤的有效孔径，改善了土壤的导水性能，从而增加了水分在土壤中的垂直入渗，减缓了水平入渗，这与郭力琼（2016）、肖娟等（2007）的结论是一致的。

5.2.2 灌溉水矿化度对土壤盐分二维分布的影响

一般将土壤含盐量低于初始含盐量的土体范围称为脱盐区，土壤含盐量高于初始含盐量的土体范围称为积盐区（苏莹等，2005）。下面对灌水前后土壤电导率变化情况进行分析。图5.5为不同矿化度微咸水滴灌前后土壤电导率变化情况。由图5.5可知，不同矿化度微咸水滴灌入渗后，土壤盐分由上层逐渐被淋洗至下层，滴头正下方淋洗效果最好，距离滴头越远，淋洗效果越差，土体上层形成脱盐区，脱盐区主要集中在距地表0～20cm的土层，土体下层形成积盐区，1.7g/L矿化度处理的积盐区主要集中在距地表20～30cm的土层，3.5g/L和5g/L矿化度处理的积盐区主要集中在距地表30～40cm的土层。

上述现象的出现与不同矿化度的水在土壤中的运移速度及灌溉水本身携带的盐分有关。1.7g/L矿化度的水本身含盐量小，故其在滴头处的淋洗效果最好，此外，1.7g/L矿化度的水在垂向方向运移速度最慢，在水平方向运移速度最快，因此盐分在垂向方向被带到较浅的土层，而在水平方向上，盐分在较远的地方聚集；相反，5g/L矿化度的水本身含盐量大，尽管其在垂向方向的运移速度最快，盐分在更深的土层聚集，但其在滴头正下方的淋洗效果仍为最差，在水平方向上，5g/L矿化度的水的运移速度最慢，盐分在离滴头较近的位置聚集。这与Souza C.F（2009）、苏莹等（2005）的盐分运移研究结果类

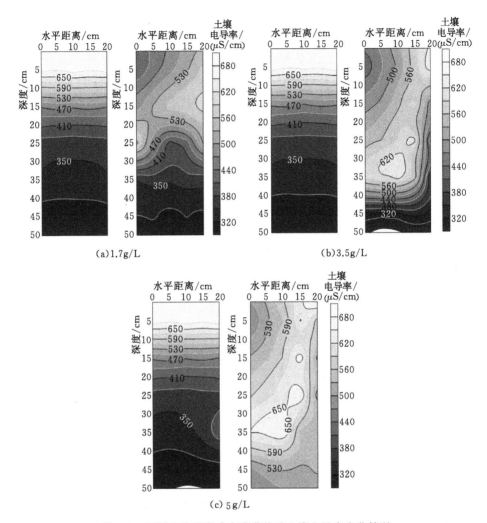

图 5.5　不同矿化度微咸水滴灌前后土壤电导率变化情况

（左图为灌前，右图为灌后）

似，上层土壤中的盐分随着水分的迁移将向下运移，之后在湿润锋附近累积，
这样就使得土壤中出现了上层脱盐、下层积盐的现象。

5.2.3　全生育期土壤平均电导率动态变化

图 5.6 显示了不同矿化度微咸水滴灌后西葫芦生育期内距地表 0～20cm
土层和 20～50cm 土层土壤平均电导率的变化过程。从图 5.6 中可以看出，
不同土层土壤平均电导率随着灌水次数的增加呈现规律性的波动，距地表
0～20cm 土层土壤电导率整体上呈现灌水前较高，灌水后显著降低的趋势，

这是因为灌水前，由于日光强烈，下层土体中的盐分随着棵间蒸发的作用而向上运移，导致灌水前土壤电导率增大；同一时间，土壤电导率从大到小依次为5g/L矿化度处理＞3.5g/L矿化度处理＞1.5g/L矿化度处理，说明用不同矿化度的微咸水灌溉对土壤盐分均有一定的淋洗作用，且1.7g/L矿化度处理的淋洗效果最好，3.5g/L矿化度处理的淋洗效果次之，5g/L矿化度处理的淋洗效果最差；生育期结束后，3个处理的土壤电导率均低于第一次灌水前土壤电导率，且1.7g/L矿化度处理的电导率最小，3.5g/L矿化度处理的次之，5g/L矿化度处理的最大，这是因为1.7g/L矿化度处理带入土体中的盐分本身就少，且西葫芦的根系在整个生育期内也吸收了一部分盐分，故在收获后1.7g/L矿化度处理的土壤电导率最小，而5g/L矿化度处理带入土体中的盐分相对较多，且盐分过量影响西葫芦的正常生长，故其对盐分的吸收也相对较少，所以在收获后5g/L矿化度处理的土壤电导率最大。

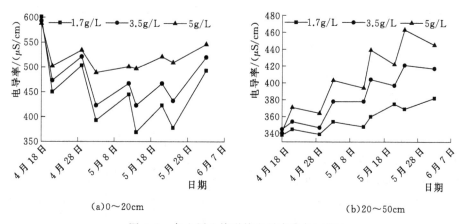

(a)0～20cm　　　　　　　　(b)20～50cm

图5.6　各土层土壤平均电导率变化过程

距地表20～50cm土层土壤电导率整体上呈现灌水前较低，灌水后逐渐增大的趋势，这是因为灌溉后3个处理的盐分在20～50cm土层土壤累积，而随着棵间蒸发，土层中盐分向上运移至0～20cm土层，所以土壤电导率有所下降；同一时间，各处理的土壤电导率总是呈现5g/L矿化度处理＞3.5g/L矿化度处理＞1.7g/L矿化度处理的趋势；生育期结束后，3个处理的土壤电导率均高于第一次灌水前土壤电导率，且1.7g/L矿化度处理的土壤电导率值最小，3.5g/L矿化度处理的次之，5g/L矿化度处理的最大，这是因为5g/L矿化度处理的微咸水在垂直方向运移速度较快，且其本身携带的盐分较多，故其在生育期结束后，土层中土壤电导率最大。

表5.2为不同灌溉水矿化度处理下土壤电导率统计特征值。由表5.2可

以看出，3 个处理在 0～20cm 土层和 20～50cm 土层土壤电导率的极大值、极小值、均值均呈现如下的大小关系：1.7g/L 矿化度处理＜3.5g/L 矿化度处理＜5g/L 矿化度处理。0～20cm 土层土壤电导率的变异系数大小表现为 1.7g/L 矿化度处理＞3.5g/L 矿化度处理＞5g/L 矿化度处理，20～50cm 土层土壤电导率的变异系数大小表现为 1.7g/L 矿化度处理＜3.5g/L 矿化度处理＜5g/L 矿化度处理，说明 5g/L 矿化度的微咸水灌溉后在垂直方向的变异性最大。

表 5.2　　　　　　不同灌溉水矿化度处理下土壤电导率统计特征值

深度 /cm	极大值/(μS/cm)			极小值/(μS/cm)			均值/(μS/cm)			变异系数		
	1.7g/L	3.5g/L	5g/L	1.7g/L	3.5g/L	5g/L	1.7g/L	3.5g/L	5g/L	1.7g/L	3.5g/L	5g/L
0～20	588	593	601	369	423	489	451	485	521	0.163	0.113	0.060
20～50	382	421	463	338	345	353	357	382	405	0.045	0.077	0.101

5.2.4　生育期结束后土壤盐分的变化情况

土壤积盐量是指作物生育期结束后土壤中的含盐量与土壤初始含盐量的差值。定义土壤积盐率为土壤积盐量与土壤初始含盐量的比值。图 5.7 为西葫芦生育期结束后各处理滴头正下方不同土层土壤盐分分布情况。从图 5.7 中可以看出，生育期结束后，各处理 0～10cm 和 10～20cm 土层土壤电导率均低于土壤初始电导率，0～10cm 土层的脱盐率分

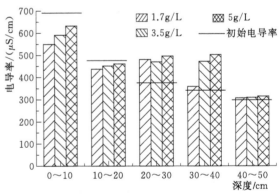

图 5.7　西葫芦生育期结束后各处理滴头正下方
不同土层土壤盐分分布情况

别为 21%、15%、9%，10～20cm 土层的脱盐率分别为 8%、5%、3%；20～30cm 土层土壤开始出现积盐现象，各处理的积盐率分别为 30%、27%、34%；对于 30～40cm 土层，1.7g/L 矿化度处理只有 5% 的积盐率，而 3.5g/L 和 5g/L 矿化度处理出现明显的积盐现象，积盐率分别达到了 38% 和 47%，说明随着矿化度的增大，积盐程度也逐渐增大，这主要是由于微咸水矿化度越高，其在垂直方向的入渗深度越大，带入土壤中的盐分也越多，盐分在湿润锋处聚集，从而提高了该土层土壤电导率。

上述研究结果表明，不同矿化度水质灌溉后土壤积盐区不同，1.7g/L 矿化度处理的积盐区主要集中在 20～30cm 土层，3.5g/L 和 5g/L 矿化度处理的积盐区主要集中在 20～40cm 土层，因此在淡水资源紧缺的地区，结合作物根系分布，考虑到微咸水对土壤水盐的调控作用，适时适量地采用微咸水对作物进行补充灌溉，可以有效提高土壤含水量以满足作物对水分的需求，同时将土壤盐分压至作物主根层以下，尽量减少土壤中盐分对作物的不良影响，以保证正常生长及产量。

5.3 灌溉水矿化度对西葫芦生长及产量的影响

5.3.1 不同灌溉水矿化度对西葫芦出苗率的影响

不同灌溉水矿化度处理下西葫芦出苗率随时间的动态变化过程如图 5.8 所示。从图 5.8 中可以看出，不同灌溉水矿化度处理下西葫芦出苗率随时间均呈现先急剧上升，然后趋于稳定的趋势。灌溉水矿化度为 1.7g/L 和 3.5g/L 时西葫芦出苗率均能达到 100%，灌溉水矿化度为 5g/L 时西葫芦未能全部出苗，但出苗率与其他两个处理相比较，只降低 7%。随着灌溉水矿化度的增大，西葫芦出苗时间逐渐延长。在播种后第 3d，

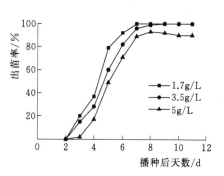

图 5.8 不同灌溉水矿化度对
西葫芦出苗率的影响

1.7g/L 和 3.5g/L 矿化度处理已有部分出苗，5g/L 矿化度处理的出苗时间推迟 1d。随着灌溉水矿化度的增大，西葫芦出苗率逐渐降低。在播种后第 6d，1.7g/L 矿化度处理的出苗率已经达到了 80% 左右，与 1.7g/L 矿化度处理相比，3.5g/L 矿化度处理的出苗率降低了 10%，5g/L 矿化度处理的出苗率降低了 21%，其原因是灌溉水矿化度越高，带入土壤中的盐分也越多，提高了土壤溶液浓度，外界溶液渗透压增高，导致种子吸水困难，进而影响种子吸水膨胀，减缓种子萌发，且灌溉水矿化度越高，这种渗透胁迫越严重，这与谢德意等（2000）的研究结论相一致。在播种后第 9d，5g/L 矿化度处理出现部分幼苗萎蔫的现象，这是由于随着灌水时间的延长，土壤含水率逐渐降低，盐分向表层积聚，导致表层土壤盐分浓度增大，高矿化度处理作物根区盐分的胁迫和离子的毒害作用对作物的影响日益显著，导致部分弱苗出现萎蔫甚至死亡。

5.3.2　不同灌溉水矿化度对西葫芦株高的影响

株高是反映作物垂直高度生长的一个有效指标，图5.9为不同灌溉水矿化度处理下西葫芦株高随时间的动态变化规律。由图5.9可知，各处理下株高增加速度随时间变化均呈现先慢后快最后趋于稳定的趋势；同一时期，1.7g/L矿化度处理与3.5g/L矿化度处理的株高比较接近，5g/L矿化度处理的株高显著低于其他两个处理。在播种后第25d，3.5g/L矿化度处理的株高超过1.7g/L矿化度处理；在播种后第

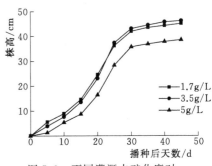

图5.9　不同灌溉水矿化度对西葫芦株高的影响

45d，各处理的株高均达到了最大，1.7g/L矿化度处理的株高为45cm，3.5g/L矿化度处理的株高为46.2cm，5g/L矿化度处理的株高为38.6cm。

为了更直观地描述不同灌溉水矿化度处理下株高随时间的变化过程，进一步用Logistic函数对其进行拟合，拟合方程为

$$H = \frac{A}{1 + Be^{-kt}} \tag{5.1}$$

式中：H为株高，cm；t为播种后天数，d；A为株高的理论最大值；B、k为生长系数。

拟合结果见表5.3。从表5.3中可以看出，不同灌溉水矿化度处理下，R^2值均在0.99以上，相关性良好，说明不同灌溉水矿化度处理下的株高值较好地符合上述Logistic函数。其中，拟合式中的A值是株高的理论最大值，它与实测值比较接近，A值从大到小依次为3.5g/L矿化度处理＞1.7g/L矿化度处理＞5g/L矿化度处理，且随着灌溉水矿化度的增大，生长系数B逐渐增大，生长系数k逐渐减小，说明用矿化度为3.5g/L的微咸水进行灌溉，虽然给土体中带入一定量的盐分，但是这些盐分非但没有对西葫芦的生长产生抑制作用，反而促进了西葫芦的生长发育，以至于用矿化度为3.5g/L的微咸水灌溉后的西葫芦的株高值最大。

表5.3　不同灌溉水矿化度处理下株高与播种后天数的拟合结果

灌溉水矿化度/(g/L)	A	B	k	R^2
1.7	45.79	30.67	0.22	0.995
3.5	46.83	50.38	0.20	0.996
5	38.98	91.10	0.18	0.996

5.3.3 不同灌溉水矿化度对西葫芦叶面积指数的影响

叶片是作物进行光合作用与外界进行水气交换的主要器官，叶片的大小、数量和空间分布是影响干物质积累的重要因素，叶片面积的大小常用叶面积指数（*LAI*）来表示。

图 5.10 为不同灌溉水矿化度处理下西葫芦叶面积指数随时间的动态变化过程。从图 5.10 中可以看出，各处理下西葫芦叶面积指数随时间呈现先增大后减小的趋势，5g/L 矿化度处理的叶面积指数达到最大值的时间比 1.7g/L 和 3.5g/L 矿化度处理推迟了 5d，当西葫芦进入生殖生长阶段，叶面积指数增加到一定的程度后，田间郁闭，光照不足，叶片开始逐渐

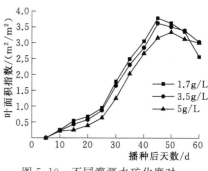

图 5.10　不同灌溉水矿化度对西葫芦叶面积指数的影响

掉落，叶片生长速率变为负值；在生育后期，3.5g/L 矿化度处理的叶面积指数最大，为 $3.03 \text{m}^2/\text{m}^2$，5g/L 矿化度处理仍保持较大的叶面积指数，为 $3 \text{m}^2/\text{m}^2$，1.7g/L 矿化度处理的叶面积指数最小，这是因为在高浓度盐分胁迫条件下，溶质胁迫和特殊离子毒害作用影响了西葫芦光合作用等新陈代谢过程，推迟了植株的生长，在 1.7g/L 和 3.5g/L 矿化度处理已经进入生殖生长时，5g/L 矿化度处理的营养生长仍在继续。

进一步用式（5.2）对不同灌溉水矿化度处理下叶面积指数随时间的变化过程进行拟合，拟合方程为

$$LAI = A \mathrm{e}^{-B|t-t^*|} \tag{5.2}$$

式中：*LAI* 为叶面积指数，m^2/m^2；t 为播种后天数，d；A 为叶面积指数的理论最大值，m^2/m^2；B 为拟合参数；t^* 为叶面积指数最大值出现的时间，d。

拟合结果见表 5.4。从表 5.4 中可以看出，不同灌溉水矿化度处理下，R^2 值均在 0.90 以上，相关性良好，说明不同灌溉水矿化度处理下的叶面积指数值较好地符合上述函数。其中，拟合式中的 A 值是叶面积指数的理论最大值，t^* 值是叶面积指数最大值出现的时间，它们均与实测值比较接近，A 值从大到小依次为 1.7g/L 矿化度处理＞3.5g/L 矿化度处理＞5g/L 矿化度处理，随着灌溉水矿化度的增大，拟合参数 B 逐渐减小。

表 5.4　不同灌溉水矿化度处理下叶面积指数与播种后天数的拟合结果

灌溉水矿化度/(g/L)	A	B	t^*	R^2
1.7	3.89	0.050	46.34	0.954
3.5	3.73	0.048	46.34	0.906
5	3.44	0.045	51.32	0.952

5.3.4　不同灌溉水矿化度对西葫芦生物量的影响

根系和冠层是植物的两大组成部分,它们构成了一个相互依存、相互制约的有机整体。当土壤中的水盐状况发生改变时,两者在遗传特性的基础上,其以前固有的关系被破坏,在追求整体结构功能动态平衡的过程中,根系和冠层间出现了此消彼长的响应关系。根系是作物吸收水分的主要器官,它的生长、分布特征与土壤水分状况密切相关,而冠层影响作物的蒸腾作用、光合作用和呼吸作用,因此,根系和冠层对作物的生长发育有很大的影响。

虽然土壤中的水盐状况不能改变作物的生长轨迹和整体状态,但却可以改变作物的生物量在根系和冠层之间的分配比例(毕远杰等,2009)。表 5.5 给出了不同灌溉水矿化度处理在不同时期的冠部鲜重、根部鲜重和根冠比。由表5.5 可知,随着生长时间的延长,各处理的根系和冠层的鲜重都逐渐增大,而根冠比却逐渐减小;同一时间内,随着灌溉水矿化度的增大,根冠比呈现逐渐变大的趋势。这是由于用微咸水灌溉后,灌溉水中一定量的盐分被带入土体中,土壤溶液浓度变大,进而产生盐分胁迫,使根系吸水受阻,西葫芦自身对盐分胁迫进行溶质势调节,即将比较多的光合产物分配到根系,促进根系生长,增加作物吸收水分和养分的空间,弥补了受阻的吸水功能,从而使根冠比增大。

表 5.5　　　　　　　　不同灌溉水矿化度对西葫芦生物量的影响

灌溉水矿化度	4 月 12 日			4 月 22 日			5 月 2 日			5 月 12 日			5 月 22 日		
	冠部鲜重/g	根部鲜重/g	根冠比/(g/g)	冠部鲜重/g	根部鲜重/g	根冠比/(g/g)	冠部鲜重/g	根部鲜重/g	根冠比/(g/g)	冠部鲜重/g	根部鲜重/g	根冠比/(g/g)	冠部鲜重/g	根部鲜重/g	根冠比/(g/g)
1.7g/L	6.32	0.96	0.152	165.78	9.56	0.058	313.64	12.31	0.039	420.30	13.52	0.032	458.31	14.23	0.031
3.5g/L	6.19	0.99	0.160	160.32	9.69	0.060	321.45	12.78	0.040	409.12	13.45	0.033	431.13	14.09	0.033
5g/L	4.37	0.87	0.199	145.12	8.94	0.062	279.31	11.98	0.043	374.11	12.99	0.035	400.62	13.45	0.034

5.3.5　不同灌溉水矿化度对西葫芦产量的影响

图 5.11 给出了不同灌溉水矿化度对西葫芦产量的影响,由图 5.11 可以看

出，用矿化度为 3.5g/L 的微咸水灌溉后西葫芦的产量达到最大值，为 97.17t/hm² ，与 1.7g/L 矿化度处理相比，其增产 9%；用矿化度为 5g/L 的微咸水灌溉后西葫芦的产量最低，为 68.67t/hm² ，与 1.7g/L 矿化度处理相比，其减产 23%。用矿化度大于 3.5g/L 的微咸水或咸水进行灌溉时，灌溉水矿化度越大，其减产效果越明显。这是因为用微咸水灌溉使土壤盐分增加，增大了土壤溶液的渗透势，

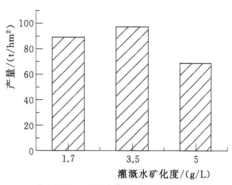

图 5.11 不同灌溉水矿化度对西葫芦产量的影响

造成西葫芦根系吸水困难，相应地抑制了西葫芦地上部分的生长，进而影响西葫芦的产量。

5.4 小结

（1）不同灌溉水矿化度处理后的灌前土壤含水率垂向分布规律一致，均随土层深度的增大而增大，灌后土壤含水率大致呈现椭圆形分布，滴头正下方土壤含水率最高，距离滴头越远，土壤含水率越小。不同灌溉水矿化度处理后的湿润体范围和含水率大小不同，当灌溉水矿化度越高时，湿润体越窄深，土壤含水率越高。3 种灌溉水矿化度处理下的土体平均含水量随时间呈现波浪状的变化趋势，在 20~50cm 深度范围内，三者的数值大小表现为 5g/L 矿化度处理＞3.5g/L 矿化度处理＞1.7g/L 矿化度处理。

（2）不同灌溉水矿化度处理后的灌前土壤盐分垂向分布规律一致，均随土壤深度的增加而减小，3 种处理下盐分大小及分布特征基本接近。灌后土壤盐分呈现椭球形分布，距离滴头越远，土壤盐分越大。3 种处理下的灌后盐分数值大小表现为 5g/L 矿化度处理＞3.5g/L 矿化度处理＞1.7g/L 矿化度处理。通过膜下滴灌能够使土壤表层盐分淋洗进入深层土壤，并远离根系集中区。在全生育期结束后，在滴头下方，3 种处理下的土壤盐分随深度呈现逐渐减小的变化趋势。1.7g/L 矿化度处理的积盐区主要集中在 20~30cm 土层，3.5g/L 和 5g/L 矿化度处理的积盐区主要集中在 20~40cm 土层。

（3）不同灌水矿化度处理后的西葫芦出苗率、株高、叶面积指数、根部鲜重、冠部鲜重、根冠比具有相同的动态变化趋势。不同灌溉水矿化度处理下的出苗率和株高均随时间呈现先快速增大，然后逐渐趋于稳定的变化趋势，而叶面积指数呈现先逐渐增大然后逐渐减小的变化趋势。Logistic 生长模型可较准

确地拟合不同灌溉水矿化度处理下的株高值，$LAI = A\mathrm{e}^{-B|t-t*|}$ 函数可较准确地拟合不同灌溉水矿化度处理下的叶面积值。不同灌溉水矿化度处理下的根部鲜重和冠部鲜重随时间呈现逐渐增大的变化趋势，而根冠比呈现逐渐减小的变化趋势。不同灌溉水矿化度处理下的出苗率和叶面积指数大小表现为 1.7g/L 矿化度处理＞3.5g/L 矿化度处理＞5g/L 矿化度处理。1.7g/L 和 3.5g/L 矿化度处理后的株高大小基本接近，并明显大于 5g/L 矿化度处理。不同灌溉水矿化度处理下的根冠比大小表现为 5g/L 矿化度处理＞3.5g/L 矿化度处理＞1.7g/L 矿化度处理。

第6章 膜下滴灌水盐耦合
对西葫芦生长的影响

对于微咸水灌溉，水分和盐分对作物生长均有显著影响，在作物不同生育期实施不同的水分和盐分处理，会对作物生长和产量造成不同的影响。本章将探讨膜下滴灌水盐耦合对西葫芦生长和产量的影响，以期寻找西葫芦微咸水膜下滴灌的最佳水盐组合。

6.1 膜下滴灌水盐耦合对土壤水分的影响

不同处理下全生育期 0～50cm 深度范围内土层的土壤平均含水率变化如图 6.1 所示，不同处理下全生育期 0～50cm 深度范围内土层的土壤平均含水率统计特征值见表 6.1，结合图 6.1 和表 6.1 可以看出，不同处理下土壤平均含水率呈现锯齿状的波动趋势，各处理均在灌水前土壤平均含水率低，灌水后土壤平均含水率显著增大，且各处理在灌水前基本达到灌水设计水平的下限，在灌水后基本达到灌水设计水平的上限，以 T1 处理为例，在幼苗期土壤平均含水率的极大值为 31.6%，基本达到灌水上限即田间持水率的 90%，土壤平均含水率的极小值为 25.4%，基本达到灌水下限即田间持水率的 70%；各个处理在幼苗期和抽蔓期的灌水次数少，在开花结果期的灌水次数明显增多，这是因为西葫芦在生长后期日耗水量增大的缘故。

表 6.1 不同处理下土壤平均含水率统计特征值

生育期	统计指标	处 理								
		T1	T2	T3	T4	T5	T6	T7	T8	T9
幼苗期	极大值 /(cm³/cm³)	0.316	0.315	0.313	0.284	0.280	0.282	0.260	0.257	0.254
	极小值 /(cm³/cm³)	0.254	0.245	0.218	0.213	0.210	0.211	0.178	0.175	0.180
	均值 /(cm³/cm³)	0.272	0.277	0.264	0.250	0.251	0.254	0.225	0.221	0.224
	变异系数	0.104	0.105	0.129	0.103	0.098	0.100	0.136	0.142	0.134

续表

生育期	统计指标	处　　理								
		T1	T2	T3	T4	T5	T6	T7	T8	T9
抽蔓期	极大值/(cm³/cm³)	0.320	0.315	0.245	0.315	0.280	0.247	0.315	0.280	0.245
	极小值/(cm³/cm³)	0.250	0.232	0.175	0.231	0.186	0.175	0.196	0.210	0.175
	均值/(cm³/cm³)	0.289	0.269	0.204	0.268	0.233	0.219	0.248	0.247	0.216
	变异系数	0.093	0.115	0.124	0.117	0.132	0.129	0.181	0.099	0.106
开花结果期	极大值/(cm³/cm³)	0.320	0.292	0.245	0.284	0.250	0.319	0.245	0.317	0.285
	极小值/(cm³/cm³)	0.246	0.210	0.175	0.210	0.172	0.245	0.172	0.247	0.213
	均值/(cm³/cm³)	0.289	0.248	0.220	0.249	0.209	0.285	0.200	0.284	0.251
	变异系数	0.116	0.157	0.131	0.125	0.150	0.120	0.149	0.118	0.122
全生育期	均值/(cm³/cm³)	0.284	0.263	0.227	0.257	0.229	0.253	0.227	0.255	0.231

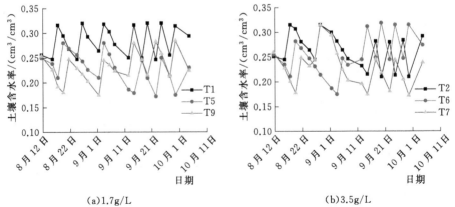

(a)1.7g/L　　　　　　　　　　(b)3.5g/L

图 6.1（一）　不同处理下土壤平均含水率随时间的动态变化过程

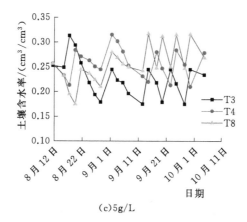

(c)5g/L

图 6.1（二） 不同处理下土壤平均含水率随时间的动态变化过程

灌溉水矿化度相同时，灌水上、下限越高，灌水时间越早，且灌水上限越高，灌水后土壤平均含水率越大。以灌溉水矿化度为 1.7g/L 为例，在西葫芦幼苗期，T1 处理的灌水下限和上限分别为田间持水率的 70% 和 90%，T5 处理的灌水下限和上限分别为田间持水率的 60% 和 80%，T9 处理的灌水下限和上限分别为田间持水率的 50% 和 70%，故 T1 处理的灌水时间为 8 月 18 日，T5 处理的灌水时间为 8 月 22 日，而 T9 处理的灌水时间为 8 月 22 日，这是因为 T1 处理的灌水下限高于另外两个处理，因此其土壤平均含水率先达到灌水下限，故其灌水时间最早。T1 处理在幼苗期的灌水上限为田间持水率的 90%，故其灌后土壤平均含水率的极大值为 31.6%，基本达到了土壤水分的设计水平。

灌水上、下限相同时，灌溉水矿化度越大，土壤平均含水率越大。以 T1、T2、T3 处理为例，3 个处理在幼苗期的灌水上、下限相同，均是上限为田间持水率的 90%，下限为田间持水率的 70%，灌溉水矿化度分别为 1.7g/L、3.5g/L 和 5g/L，3 个处理在幼苗期的土壤平均含水率的均值从大到小依次为 T2 处理（27.72%）＞T1 处理（27.15%）＞T3 处理（26.42%），这是因为：灌溉水中少量的盐分通过提高土壤溶液的电解质浓度，使其大于土壤的凝絮浓度，抑制了土壤黏粒弥散现象的发生，从而维持了土壤适当的入渗能力，而随着灌溉水矿化度的增大，灌溉水带入土壤中过多的钠离子，使土壤中钠离子含量增加，分散土壤颗粒，从而最终使土壤导水通气能力下降（刘娟等，2015）。

6.2 膜下滴灌水盐耦合对土壤盐分的影响

不同处理下全生育期 0～50cm 深度范围内土层的土壤平均电导率变化如图 6.2 所示，不同处理下全生育期 0～50cm 深度范围内土层的土壤平均电导率统计特征值见表 6.2。结合图 6.2 和表 6.2 可以看出，不同处理下土壤盐分随时间呈现波动性变化。

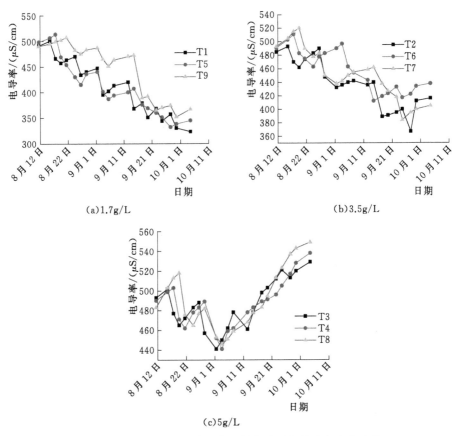

(a)1.7g/L

(b)3.5g/L

(c)5g/L

图 6.2 不同处理下土壤平均电导率随时间的动态变化过程

表 6.2 不同处理下土壤平均电导率统计特征值

生育期	统计指标	处 理								
		T1	T2	T3	T4	T5	T6	T7	T8	T9
幼苗期	极大值/(μS/cm)	492	493	502	503	513	511	520	518	507
	极小值/(μS/cm)	438	462	473	462	425	441	478	482	465
	均值/(μS/cm)	425	456	482	484	443	462	162	493	435
	变异系数	0.036	0.024	0.033	0.033	0.069	0.036	0.032	0.043	0.018
抽蔓期	极大值/(μS/cm)	447	490	488	489	440	497	483	482	487
	极小值/(μS/cm)	395	432	441	441	387	443	438	446	451
	均值/(μS/cm)	422	446	462	466	410	473	454	462	471
	变异系数	0.047	0.045	0.035	0.038	0.05	0.042	0.032	0.03	0.026

续表

生育期	统计指标	处理								
		T1	T2	T3	T4	T5	T6	T7	T8	T9
开花 结果期	极大值/(μS/cm)	379	440	529	538	407	438	462	549	472
	极小值/(μS/cm)	323	367	478	483	332	412	384	478	352
	均值/(μS/cm)	353	401	509	506	360	425	416	515	385
	变异系数	0.055	0.054	0.032	0.039	0.067	0.022	0.061	0.053	0.097
全生育	均值/(μS/cm)	410	438	485	486	410	458	468	491	445

灌溉水矿化度为 1.7g/L 和 3.5g/L 时，每次灌水前，土壤平均电导率较大，灌水后土壤平均电导率显著降低，这是因为灌水前，由于日光强烈，下层土体中的盐分随着棵间蒸发的作用而向上运移，导致灌水前土壤平均电导率较大，灌水后，灌入土体中的水分对土体中的盐分有一定的淋洗作用，故土壤平均电导率显著降低；灌溉水矿化度为 5g/L 时，前两次灌水后土壤平均电导率降低，之后土壤平均电导率随时间的延长一直持续增大，这是因为用矿化度为 5g/L 的微咸水灌溉，其本身含有的盐分较多，对盐分的淋洗作用较差。

灌水上、下限相同时，灌溉水矿化度越大，土壤平均电导率越大。以 T1、T2、T3 处理为例，3 个处理在幼苗期的灌水上限和下限相同，均是上限为田间持水率的 90%，下限为田间持水率的 70% 灌溉水矿化度分别为 1.7g/L、3.5g/L 和 5g/L，3 个处理在幼苗期的土壤平均电导率的均值从大到小依次为 T3 处理（482μS/cm）＞T2 处理（456μS/cm）＞T1 处理（425μS/cm）；灌溉水矿化度相同时，土壤平均电导率与灌水上、下限的高低无显著影响关系。

西葫芦生育期结束后，用矿化度为 1.7g/L 的水灌溉的 T1、T5、T9 三个处理的土壤平均电导率显著降低，土壤平均电导率分别降低了 34%、31% 和 25%，用矿化度为 3.5g/L 的水灌溉的 T2、T6、T7 三个处理的土壤平均电导率相对降低，土壤平均电导率分别降低了 14%、11% 和 17%，用矿化度为 5g/L 的水灌溉的 T3、T4、T8 三个处理的土壤平均电导率相对增加，土壤平均电导率分别增加了 7%、10% 和 14%。这是因为用矿化度为 1.7g/L 和 3.5g/L 的微咸水灌溉，其本身带入土体中的盐分较少，西葫芦根系能够吸收土体中的盐分，故其在生育期结束后土体中盐分的电导率降低；而用矿化度为 5g/L 的微咸水灌溉，其本身含有的盐分较多，对盐分的淋洗作用较差，且盐分浓度太高，造成西葫芦根系吸水困难，西葫芦无法正常生长，也不能吸收土壤中的盐分，故其在生育期结束后土体中盐分的电导率升高。

6.3　膜下滴灌水盐耦合对西葫芦生长的影响

株高是反映作物垂直高度生长的一个重要指标，叶面积指数是反映作物群体大小的较好的动态指标。本节主要分析不同水分水平和灌溉水矿化度对西葫芦株高和叶面积指数的影响。

6.3.1　膜下滴灌水盐耦合对西葫芦株高的影响

图 6.3 为同一灌溉水矿化度处理不同水分条件下西葫芦株高随时间的变化过程。从图 6.3 中可以看出，西葫芦在幼苗期以营养生长为主，生长缓慢，土壤水分上、下限的高低对西葫芦株高的影响不大，至抽蔓期，生长迅速，西葫芦株高增加得很快，到了开花结果期，西葫芦从营养生长转化为生殖生长，西葫芦株高基本保持稳定，土壤水分上、下限越高，越有利于西葫芦株高的增大；随着灌溉水矿化度的增大，西葫芦的株高逐渐降低。

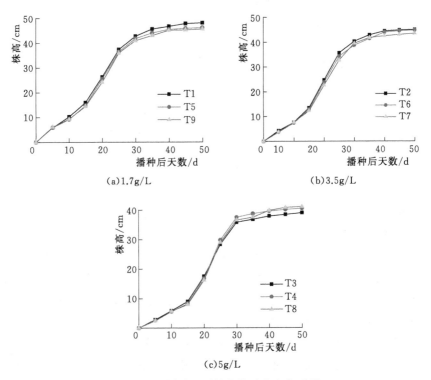

图 6.3　不同处理下株高的动态变化过程

1.7g/L 矿化度处理下，株高值从大到小依次为 T1 处理＞T5 处理＞T9 处理，因为 T1 处理在西葫芦整个生育期灌水上下限均较高，灌水次数多于

T5 和 T9 处理，在幼苗期（即播种后 10～25d），西葫芦对水分的需求小，故 3 个处理的株高值相差不大，幼苗期结束后，T1 处理的株高值为 37.3cm，较 T5 和 T9 处理的株高值分别高了 2.5％和 3.9％；在抽蔓期（即播种后 25～40d），T1 处理的灌水上、下限最高，T5 处理次之，T9 处理最小，故抽蔓期结束后，株高值从大到小依次为 T1 处理＞T5 处理＞T9 处理；进入开花结果期后（即播种后 40～50d），T9 处理的灌水上、下限虽高于 T5 处理，但此时西葫芦已进入生殖生长，且 T9 处理在抽蔓期受到水分胁迫较为严重，即使在这一生育期进行复水，也无法弥补抽蔓期水分胁迫所产生的生理干旱。

3.5g/L 矿化度处理下，株高值从大到小依次为 T2 处理＞T6 处理＞T7 处理，在幼苗期，西葫芦对水分的需求较小，故 3 个处理的株高值相差不大；进入抽蔓期后，T6 处理的灌水上、下限最低，西葫芦受到一定程度的干旱胁迫，故其株高值最小；开花结果期时，T6 处理的灌水上、下限增大，灌水次数也增多，补充了西葫芦生长所需要的水分，因此其株高值较 T7 处理有所增大。

5g/L 矿化度处理下，株高值从大到小依次为 T8 处理＞T4 处理＞T3 处理，在幼苗期，西葫芦对水分的需求小，对盐分较敏感，T3 处理较 T4 和 T8 处理灌水时间早，灌溉水中带入的盐分也多，所以 T3 处理的西葫芦受盐分胁迫的时间早于 T4 和 T8 处理，所以在幼苗期结束后，T4 处理的株高值最大，T8 处理的次之，T3 处理的最小；进入抽蔓期后，西葫芦耗水量增大，T4 处理的灌水上、下限都高，故灌水量大于另外两个处理，同时 T4 处理中的盐分也相对较多，而 T3 处理受到较严重的水分胁迫，故抽蔓期结束后，T3 处理的株高值最小，为 37.9cm，T8 处理的株高值略大于 T4 处理；开花结果期是西葫芦耗水量最大的时期，且该时期西葫芦的耐盐性较大，故 T8 处理的株高值最大，T3 处理的株高值最小。

进一步用 Logistic 函数对不同水分水平和灌溉水矿化度处理下西葫芦株高的动态变化过程进行拟合，拟合方程为

$$H = \frac{A}{1 + Be^{-kt}} \tag{6.1}$$

式中：H 为株高，cm；t 为播种后天数，d；A 为株高的理论最大值；B、k 为生长系数。

拟合结果见表 6.3，从表中可以看出，不同处理下，R^2 值均在 0.99 以上，相关性较好，说明不同处理下的株高值较好地符合上述 Logistic 函数。其中，拟合式中的 A 值与实测值比较接近，且灌水矿化度越大，A 值越小，生长系数 B 和 k 越大，说明用微咸水灌溉作物能刺激植株株高的生长。

表6.3　　　　　　　不同处理下株高与播种后天数的拟合结果

处理	A	B	k	R^2
T1	48.330	25.318	0.174	0.996
T2	44.853	39.353	0.194	0.998
T3	39.043	65.539	0.205	0.996
T4	40.412	99.921	0.221	0.996
T5	46.088	28.724	0.182	0.996
T6	45.086	35.284	0.182	0.998
T7	43.593	47.347	0.201	0.999
T8	40.714	94.920	0.214	0.996
T9	46.531	26.226	0.174	0.996

6.3.2　膜下滴灌水盐耦合对西葫芦叶面积指数的影响

图 6.4 为同一灌溉水矿化度处理不同水分条件下西葫芦叶面积指数随时间的变化过程。由图 6.4 可知，随着时间的延续，西葫芦的叶面积指数整体上呈现幼苗期叶面积指数缓慢增长，进入抽蔓期后，植株迅速生长，叶片面积指数迅速增长达到最大值，在结果期，叶片开始缓慢凋落，叶面积指数逐渐减小。1.7g/L 矿化度处理下，叶面积指数从大到小依次为 T1 处理＞T5 处理＞T9 处理；3.5g/L 矿化度处理下，叶面积指数从大到小依次为 T2 处理＞T6 处理＞T7 处理；5g/L 矿化度处理下，叶面积指数从大到小依次为 T8 处理＞T4 处理＞T3 处理。用矿化度为 1.7g/L 的水灌溉，西葫芦叶面积指数最大值出现在播种后 45d，而用矿化度分别为 3.5g/L 和 5g/L 的微咸水灌溉，叶面积指数最大值出现在播种后 50d，较 1.7g/L 矿化度处理推迟了 5d。在生育期结束后，1.7g/L 矿化度处理的叶面积指数明显低于 3.5g/L 和 5g/L 矿化度处理，这是因为 3.5g/L 和 5g/L 矿化度处理中带入的盐分较多，作物受到特殊离子作用，从而影响了植株正常的新陈代谢作用，推迟了植株的生长，故 1.7g/L 矿化度处理的叶片已经开始凋零时，3.5g/L 和 5g/L 矿化度处理的叶片还在继续生长。

进一步用式 (6.2) 对不同水分水平和灌溉水矿化度处理下西葫芦叶面积指数的动态变化过程进行拟合，拟合方程为

$$LAI = A e^{-B|t-t^*|} \tag{6.2}$$

式中：LAI 为叶面积指数，m^2/m^2；t 为播种后天数，d；A 为叶面积指数的理论最大值，m^2/m^2；B 为拟合参数；t^* 为叶面积指数最大值出现的时间，d。

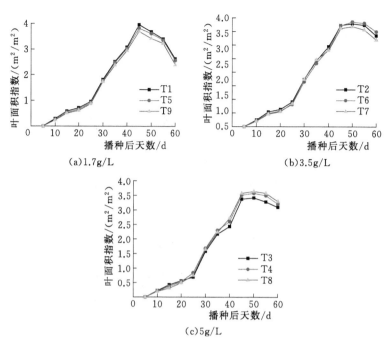

图 6.4 不同处理下叶面积指数的动态变化过程

拟合结果见表 6.4，从表中可以看出，不同处理下，R^2 值均在 0.90 以上，相关性很好，说明不同处理下的叶面积指数值较好地符合上述函数。其中，拟合式中的 A 值是叶面积指数的理论最大值，t^* 值是叶面积指数最大值出现的时间，它们均与实测值比较接近。

表 6.4　　　　不同处理下叶面积指数与播种后天数的拟合结果

处理	A	B	t^*	R^2
T1	4.16	0.053	47.24	0.970
T2	3.93	0.043	51.43	0.961
T3	3.90	0.048	51.68	0.951
T4	3.68	0.043	51.54	0.961
T5	4.01	0.051	47.25	0.969
T6	3.97	0.044	51.89	0.966
T7	3.79	0.043	51.12	0.955
T8	3.75	0.043	51.69	0.960
T9	3.88	0.051	47.25	0.969

6.4 西葫芦不同生育时期耗水规律

西葫芦的耗水量在整个生育期的变化过程可通过西葫芦的日耗水量在不同生育期的变化来体现，由图6.5可知，不同处理下，西葫芦在整个生育期的耗水量逐渐增大，这与西葫芦的生长发育对水分的需求规律是一致的。

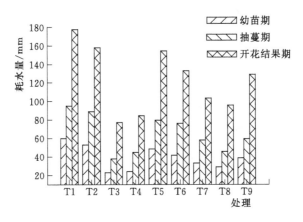

图6.5 不同处理下西葫芦各生育阶段耗水量

由图6.5还可知，西葫芦的耗水量随着生育期的推进逐渐增加，表现为幼苗期<抽蔓期<开花结果期，这与张娟等（2016）对不同灌水上、下限对温室白萝卜不同生育期耗水规律的研究结论是一致的。

不同水盐耦合条件下的作物耗水量随时间呈现逐渐增大的变化趋势，即幼苗期<抽蔓期<开花结果期。随着灌溉水矿化度的提高，西葫芦的耗水量逐渐减小。

幼苗期（8月12—26日）耗水量较少，平均日耗水量仅为1.53～3.98mm，各处理耗水量介于22.92～59.74mm。这一时期西葫芦植株个体矮小，以营养生长为主，但由于此段时间日均太阳辐射强度较大，气温相对较高，蒸发蒸腾量较大，导致耗水强度相对较高，但是水分过多会导致西葫芦幼苗徒长茎，延迟开花，直接导致后期产量降低，因此应适当控制西葫芦幼苗期的水分，使根系能够正常生长发育。

抽蔓期（8月27日至9月10日）是营养生长的重要时期，这一时期西葫芦叶片迅速生长，叶面积增大造成耗水增强，此时气温和光照强度依然很高，故各处理耗水量急剧增加至37.67～94.91mm，耗水强度高达2.51～6.32mm/d。抽蔓期是保证作物获得高产的关键时期，应加强水肥管理，以满足功能叶片正常新陈代谢和西葫芦生长发育所需要的水分。

进入开花结果期（9月11日至10月5日），耗水量较抽蔓期有所增加，各处理平均日耗水量增至3.08～7.09mm，耗水量为77.11～177.45mm。这一时期西葫芦从营养生长转为生殖生长，植株开始开花并结果，瓜条生长迅速，结瓜数量逐渐增多，故应增加灌水，以满足该时期西葫芦正常生长所需要的水分。

以T1、T2、T3处理为例，分析不同灌溉水矿化度对西葫芦不同生育期耗水量的影响，从图6.5中可以看出，在西葫芦幼苗期、抽蔓期和开花结果期3个生育期，西葫芦的耗水量从大到小依次为T1处理＞T2处理＞T3处理，即随着灌溉水矿化度的增大，西葫芦的耗水量逐渐减小。这主要是因为灌溉水矿化度越大，带入土体中的盐分也相应增多，提高了土壤溶液浓度，使土壤溶液渗透势增加，使土壤水分的有效性降低，从而引起生理干旱，使西葫芦耗水量减少。

6.5 膜下滴灌水盐耦合对西葫芦产量的影响

西葫芦整个生育期的灌水量取决于不同生育期的不同灌水控制水平，上一生育期的灌水控制上、下限不仅会影响该生育期的灌水量和耗水量，同时，下一生育期的灌水量和耗水量也会受到上一生育期不同程度的影响，不同生育期的灌水控制上、下限表现出相互影响的耦合效应。如果西葫芦在某一生育期的水分胁迫较为严重，水分的供应远远不能满足西葫芦的正常生长，则下一生育期进行复水并不会出现作物的补偿生长或弥补前一生育期干旱所缺少的生长量，最终将影响西葫芦的水分利用效率和产量。所以，合理设置不同生育期的灌水控制上、下限，保证西葫芦需水关键期的水分供应，才可以获得较高的水分利用效率。

6.5.1 不同处理对西葫芦产量的影响

图6.6给出了不同处理对西葫芦产量的影响。由图6.6可知，西葫芦产量从大到小依次为T2处理＞T1处理＞T5处理＞T6处理＞T9处理＞T7处理＞T8处理＞T4处理＞T3处理，西葫芦产量除了T2处理稍有波动外，整体上随着灌溉水矿化度的增大而逐渐减小。用矿化度为1.7g/L的微咸水灌溉后的产量为74.77～91.61t/hm²，用矿化度为3.5g/L的微咸水灌溉后的产量为69.33～98.22t/hm²，用矿化度为5g/L的微咸水灌溉后的产量为43.61～54.22t/hm²。

为了确定最优方案以及各因素是否对产量产生显著影响，下面采用直观分析法和方差分析法进行分析，因素水平见表6.5，分析结果见表6.6和表6.7。

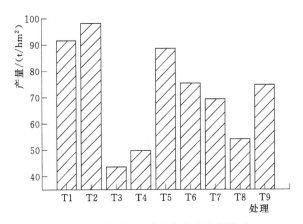

图 6.6　不同处理对西葫芦产量的影响

表 6.5　　　　　　　　　　　　　　因　素　水　平　表

水平	幼苗期（A）	抽蔓期（B）	开花结果期（C）	灌水矿化度（D）/(g/L)
1	70%~90%	70%~90%	70%~90%	1.7
2	60%~80%	60%~80%	60%~80%	3.5
3	50%~70%	50%~70%	50%~70%	5

表 6.6　　　　　　　　　　　　　　西葫芦正交试验结果表

因素	A	B	C	D	产量/(t/hm²)
T1	1	1	1	1	91.61
T2	1	2	2	2	98.22
T3	1	3	3	3	43.61
T4	2	1	2	3	49.83
T5	2	2	3	1	88.67
T6	2	3	1	2	75.39
T7	3	1	3	2	69.33
T8	3	2	1	3	54.22
T9	3	3	2	1	74.78
均值1	77.82	70.26	73.74	85.02	
均值2	71.30	80.37	74.28	80.98	
均值3	66.11	64.59	67.20	49.22	
极差	11.70	15.78	7.07	35.80	
因素主次	DBAC				
最优方案	$D_1B_2A_1C_2$				

表 6.7   方 差 分 析 表

因素	偏差平方和	自由度	F	F 临界值	显著性
幼苗期	668.587	2	2.217	19.000	
抽蔓期	1241.840	2	4.119	19.000	
开花结果期	301.527	2	1.000	19.000	*
灌水矿化度	7472.487	2	24.782	19.000	
误差	301.53	2			

注 F 为 F 检验值；F 临界值为达到显著差异 F 的临界值；* 表示达到显著差异。

从直观分析表可以看出，对产量影响最大的因素是灌水矿化度，其次依次为抽蔓期、幼苗期和开花结果期，其中用矿化度为 1.7g/L 的微咸水灌溉，在幼苗期保持土壤水分为 70%～90% 田间持水率、抽蔓期保持土壤水分为 60%～80% 田间持水率、开花结果期保持土壤水分为 60%～80% 田间持水率时产量最高，即最优方案为 $A_1B_2C_2D_1$。

从图 6.7 中可以看出，灌溉水矿化度越低，产量越高，在淡水资源紧缺的地区，可以考虑用矿化度为 3.5g/L 的微咸水进行灌溉，以缓解淡水资源紧缺的问题。在幼苗期和开花结果期，土壤水分含量越高对提高作物产量越有利，而在抽蔓期，作物产量随着土壤水分的增大呈现先增大后减小的趋势。

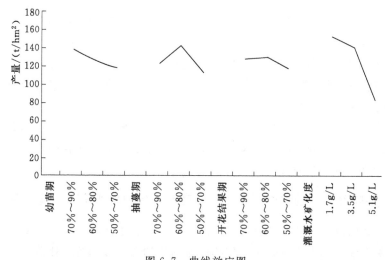

图 6.7　曲线效应图

因为此正交表（表 6.6）没有安排空白列，即误差列，故选极差值最小的开花结果期这一列为误差列。通过表 6.7 可知，灌水矿化度对西葫芦产量影响达到显著水平，而幼苗期、抽蔓期和开花结果期对西葫芦产量影响不大，未达到显著水平。

6.5.2 不同处理下总产量与总耗水量之间的关系

图 6.8 为西葫芦总产量与总耗水量的关系。从图 6.8 中可以看出，西葫芦产量先随耗水量的增加而增加，当产量达到最高点以后，反而随耗水量的增加而下降。

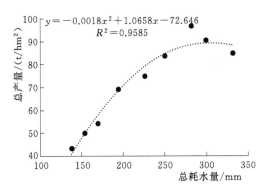

图 6.8 西葫芦总产量与总耗水量之间的关系

通过对日光温室膜下滴灌西葫芦的总产量和总耗水量两者间的关系进行回归分析，可得产量与耗水量呈二次抛物线关系，其回归方程为

$$y = -0.0018x^2 + 1.0658x - 72.646 \tag{6.3}$$

式中：y 为西葫芦的总产量，t/hm^2；x 为西葫芦全生育期的总耗水量，mm。

相关系数 $R^2 = 0.959$，显著性较高。对式（6.3）求导，并令其等于零，确定西葫芦产量达到最高点时相应的最佳耗水量为 296mm，当全生育期耗水量小于 296mm 时，西葫芦产量随着耗水量的增加呈现逐渐增加的趋势；当全生育期耗水量大于 296mm 时，西葫芦产量不但不增加，反而呈现降低的趋势。在日光温室西葫芦栽培生产实践中，可用此指标来指导灌溉，既能满足西葫芦生长发育对水分的需求，又能防止因灌水过多造成病虫害的发生，最终实现高效、节水、增产的统一。

6.5.3 不同处理下西葫芦产量、耗水量与水分利用效率之间的关系

水分利用效率反映了作物物质生产与水分消耗之间的关系，是衡量节水与否的重要指标，其大小可表示为作物产量与作物蒸发蒸腾量的比值。

图 6.9 给出了不同处理对西葫芦耗水量、产量及水分利用效率的影响。从图 6.9 中可以看出，就整个生育期而言，用矿化度为 3.5g/L 的微咸水灌溉，在幼苗期保持土壤水分为 70%～90% 田间持水率、抽蔓期保持土壤水分为 60%～80% 田间持水率、开花结果期保持土壤水分为 60%～80% 田间持水率（即处理 2），不仅可获得最高产量（96.67t/hm²），同时也达到了最大水分

利用效率 [327.74kg/(mm・hm²)]，实现了高产与高效的统一。用矿化度为 5g/L 的微咸水灌溉，在幼苗期保持土壤水分为 70%～90% 田间持水率，在抽蔓期和开花结果期保持土壤水分为 50%～70% 田间持水率（即处理 3），西葫芦植株在整个生育期均受到较为严重的水分胁迫和盐分胁迫，抑制了西葫芦的营养生长和生殖生长，这种处理虽然能保证较高的水分利用效率，但其产量远远低于其他处理，这样的高效用水在现实生产实践中意义不大，处理 7 也类似。此外，当水分供应较充足时，也并不一定能实现西葫芦高产和水分的高效利用（如处理 1），这种处理虽然能够获得较高的产量，但这是以较大的耗水量为代价的，最终使水分利用效率低至 275.86kg/(mm・hm²)，这不但浪费宝贵的水资源，而且极易引起大量病虫害的发生，对西葫芦的生产极为不利。因此，各生育期按处理 2 进行灌溉，可实现节水、高产和高效的统一，为生产实践提供指导依据。

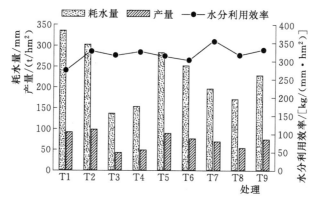

图 6.9 不同处理对西葫芦耗水量、产量及水分利用效率的影响

6.6 小结

（1）不同水盐耦合处理下的土壤平均含水率随时间具有相同的变化趋势，均具有锯齿状的波动变化特征。不同水盐耦合条件下的土壤平均电导率随时间具有相同的变化趋势，在 1.7g/L 和 3.5g/L 矿化度处理下，呈现逐渐减小的变化趋势，但在 5g/L 矿化度处理下，呈现逐渐增大的变化趋势。灌水上、下限和灌水矿化度越高时，土壤平均含水率越高。灌溉水矿化度越大，土壤平均电导率越大。灌水上、下限对土壤平均电导率大小无显著影响。

（2）不同水盐耦合条件下的株高和叶面积指数随时间具有相同的变化趋势，株高呈现逐渐增大然后趋于稳定的变化趋势，叶面积指数呈现先逐渐增大然后逐渐减小的变化趋势。灌水上、下限越大，矿化度越小时，西葫芦株高和

叶面积指数越大。Logistic 生长模型可较准确地拟合不同灌溉水矿化度处理下的株高，$LAI = Ae^{-B|t-t^*|}$ 函数可较准确地拟合不同灌溉水矿化度处理下的叶面积指数。

（3）不同水盐耦合条件下的作物耗水量随时间呈现逐渐增大的变化趋势，即幼苗期＜抽蔓期＜开花结果期。随着灌溉水矿化度的提高，西葫芦的耗水量逐渐减小。西葫芦产量从大到小依次为 T2 处理＞T1 处理＞T5 处理＞T6 处理＞T9 处理＞T7 处理＞T8 处理＞T4 处理＞T3 处理。西葫芦产量随灌溉水矿化度增大呈现逐渐减小的变化趋势。最优水盐耦合灌溉方案为：矿化度为 1.7g/L，在幼苗期保持土壤水分为 70%～90%田间持水率、抽蔓期保持土壤水分为 60%～80%田间持水率、开花结果期保持土壤水分为 60%～80%田间持水率。膜下微咸水滴灌条件下西葫芦总产量和总耗水量两者间符合二次抛物线关系，以此估算出最佳耗水量为 296mm。

第7章 微咸水膜下滴灌西葫芦水盐生产函数模型

作物水盐生产函数是描述作物产量与水盐耦合作用之间的数量关系（康绍忠，2007），了解作物各生育阶段对水分和盐分的敏感程度，有助于清楚认识作物的需水规律，知道作物在哪个时期最需水，哪个时期需要控水、控盐，并以此探求西葫芦各生育阶段的水分敏感指数和盐分敏感指数，研究西葫芦不同生育阶段的耐水性和耐盐性，以此指导微咸水灌溉管理，为制定科学合理的微咸水灌溉模式提供技术支撑，以期获得最大的生产效益。

7.1 西葫芦水盐生产函数模型建立

7.1.1 西葫芦水盐生产函数模型的选取

不同生育阶段土壤水分和土壤盐分的交互作用对作物产量的影响极其复杂，为使问题简单化，假定各生育阶段产生的影响相互独立，其综合影响采用乘法模型中修正后的 Jensen 模型进行评价，其水盐生产函数如式（7.1）所示：

$$\frac{Y_s}{Y_m} = \prod_{i=1}^{n} \left(\frac{1}{1+s}\right)_i^{\sigma_i} \left(\frac{ET}{ET_m}\right)_i^{\lambda_i} \tag{7.1}$$

式中：Y_s 为作物单位面积上的实际产量，t/hm^2；Y_m 为作物无盐分胁迫、充分灌溉条件下的最大产量，t/hm^2；n 为作物生育阶段总数；ET_i 为作物第 i 生育阶段实际的蒸发蒸腾量，mm；$ET_{m,i}$ 为作物第 i 生育阶段无盐分影响、充分供水条件下的作物蒸发蒸腾量，mm；λ_i 为作物第 i 生育阶段土壤水分胁迫对产量影响的敏感指数；σ_i 为作物第 i 生育阶段土壤盐分胁迫对产量影响的敏感指数；i 为作物生育阶段编号；s_i 为作物根层第 i 生育阶段土壤实际含盐量，g/kg。

7.1.2 西葫芦水盐生产函数模型的求解

根据西葫芦不同生育阶段得到的耗水量、土壤含盐量以及产量试验数据，利用最小二乘法将式（7.1）转换为求解线性方程组来求作物水分敏感指数 λ 和盐分敏感指数 σ。

水分敏感指数 λ 和盐分敏感指数 σ 是作物水盐动态响应模型中的两个重要

参数，将式（7.1）两边取对数可得

$$Z = \sum_{i=1}^{n} \sigma_i Y_i + \sum_{i=1}^{n} \lambda_i X_i \qquad (7.2)$$

其中

$$Z = \ln\frac{Y_s}{Y_m}$$

$$Y_i = \ln\left(\frac{1}{1+s}\right)_i$$

$$X_i = \ln\left(\frac{ET}{ET_m}\right)_i$$

通过 k 组不同的灌溉水盐试验数据，得到 k 组 Z_k、$Y_{i,k}$、$X_{i,k}$（$i=1$，2，…，n；$k=1$，2，…，k），根据最小二乘法：

$$\min\theta = \sum_{i=1}^{n}\left(Z_k - \sum_{i=1}^{n}\lambda_i x_{i,k} - \sum_{i=1}^{n}\sigma_i Y_{i,k}\right)^2 \qquad (7.3)$$

令 $\dfrac{\partial\theta}{\partial\lambda_i} = \dfrac{\partial\theta}{\partial\sigma_i} = 0$，求解可得 σ_i 和 λ_i。

$$\frac{\partial\theta}{\partial\lambda_i} = -2\sum_{k=1}^{k}\left(Z_k - \sum_{i=1}^{n}\lambda_i X_{i,k} - \sum_{i=1}^{n}\sigma_i Y_{i,k}\right)\left(\sum_{i=1}^{n}X_{i,k}\right) = 0 \qquad (7.4)$$

$$\frac{\partial\theta}{\partial\sigma_i} = -2\sum_{k=1}^{k}\left(Z_k - \sum_{i=1}^{n}\lambda_i X_{i,k} - \sum_{i=1}^{n}\sigma_i Y_{i,k}\right)\left(\sum_{i=1}^{n}Y_{i,k}\right) = 0 \qquad (7.5)$$

解得

$$\lambda_i = \frac{\sum_{k=1}^{k}Z_k\sum_{i=1}^{n}Y_{i,k} - \sum_{k=1}^{k}\sum_{i=1}^{n}Z_k}{\sum_{k=1}^{k}\sum_{i=1}^{n}X_{i,k}\sum_{i=1}^{n}Y_{i,k} - \sum_{k=1}^{k}\sum_{i=1}^{n}Y_{i,k}} \qquad (7.6)$$

$$\sigma_i = \frac{\sum_{k=1}^{k}Z_k\sum_{i=1}^{n}X_{i,k} - \sum_{k=1}^{k}\sum_{i=1}^{n}Z_k}{\sum_{k=1}^{k}\sum_{i=1}^{n}X_{i,k}\sum_{i=1}^{n}Y_{i,k} - \sum_{k=1}^{k}\sum_{i=1}^{n}Y_{i,k}} \qquad (7.7)$$

该试验共进行了 9 组微咸水灌溉试验，将西葫芦各生育期的 s、ET_m、ET 代入模型中。

7.1.3 西葫芦水盐生产函数水分敏感指数和盐分敏感指数分析

西葫芦各生育阶段的水分敏感指数和盐分敏感指数见表 7.1。从表 7.1 中可以看出，水分敏感指数 λ 从大到小的生育阶段顺序依次为开花结果期＞抽蔓期＞幼苗期，λ 值越高，说明缺水后 Y/Y_m 值越低，也就是说因缺水导致的减产效果越严重。幼苗期和抽蔓期水分敏感指数 λ 值较小，说明其对水分的敏感程度低于开花结果期，开花结果期 λ 值最高，说明此生育阶段西葫芦对水分最为敏感，若此生育阶段遭受水分胁迫，将对西葫芦造成不可恢复的减产损失。这主要是因为在幼苗期西葫芦叶片发育尚不完全，叶面积指数小，同时作物的根系发展有限，蒸发蒸腾量比较低，西葫芦的生长对水分亏缺不敏感，进入抽蔓期后，随着西葫芦的生长，叶面积指数增大，需水量明显增大，同时根系代谢旺盛，对土壤的通气性能要求也变大，适度缺水可以促进西葫芦产量的增加，因此，在淡水资源短缺的地区，可以考虑在幼苗期和抽蔓期进行适当的水分胁迫，这对产量的影响不大，甚至能提高产量，这与翟胜等（2005）的研究结果相一致。

表 7.1　西葫芦各生育阶段的水分敏感指数和盐分敏感指数

生育期	λ_i	σ_i
幼苗期	0.32	0.63
抽蔓期	0.48	0.45
开花结果期	0.59	0.30

盐分敏感指数 σ 从大到小的生育阶段顺序依次为幼苗期＞抽蔓期＞开花结果期，幼苗期 σ 值最大，说明此阶段西葫芦对盐分最为敏感，若此阶段遭受盐分胁迫，将影响西葫芦后期的生长发育，最终将对产量造成较大的影响，因此在西葫芦幼苗期应控制灌溉水中盐分的含量，避免盐分浓度过大造成西葫芦幼苗萎蔫，甚至死亡，在抽蔓期和开花结果期，盐分敏感指数 σ 值较小，这是因为在生育后期，西葫芦已具有较高的耐盐能力，在试验范围内盐分增加不会对西葫芦造成较大的危害，因此在这两个生育阶段，可以适当地采用微咸水进行灌溉，不会对产量造成严重的影响。

根据 Jensen 模型计算出来西葫芦的水分敏感指数和盐分敏感指数，得出在该试验条件下的西葫芦水盐生产函数模型见式（7.8）：

$$\frac{Y_s}{Y_m} = \left(\frac{1}{1+s}\right)_1^{0.63} \left(\frac{ET}{ET_m}\right)_1^{0.32} \left(\frac{1}{1+s}\right)_2^{0.45} \left(\frac{ET}{ET_m}\right)_2^{0.48} \left(\frac{1}{1+s}\right)_3^{0.30} \left(\frac{ET}{ET_m}\right)_3^{0.59}$$

$$(7.8)$$

式（7.8）中角标 1、2、3 为西葫芦生长阶段序号，分别代表幼苗期、抽蔓期、开花结果期。

7.2　西葫芦水盐生产函数模型验证

为了进一步验证构建的水盐生产函数对于西葫芦产量模拟预测的适用性，

利用灌溉水矿化度对西葫芦生长的影响研究的试验数据对其进行验证，将西葫芦不同生育阶段的 s、ET_m、ET、Y_m、λ 和 σ 代入模型中，求出该模型下西葫芦的产量。验证结果见表 7.2。

表 7.2 验 证 结 果

产量	1.7g/L	3.5g/L	5g/L
实际值/(t/hm²)	89.16	97.16	68.67
计算值/(t/hm²)	93.52	93.48	75.48
相对误差/%	4.89	3.78	9.92

从表 7.2 中可以看出，相对误差值在 10% 以内，误差较小，说明修正后的 Jensen 模型对水盐耦合作用下西葫芦产量具有较好的预测能力，实际值与计算值较为接近，可以采用此水盐生产函数进行西葫芦产量的模拟预测。

7.3 小结

（1）在试验的基础上用修正后的 Jensen 模型建立了西葫芦的水盐生产函数模型，得出水分敏感指数 λ 大小表现为开花结果期＞抽蔓期＞幼苗期，盐分敏感指数 σ 大小表现为幼苗期＞抽蔓期＞开花结果期。

（2）采用实测数据对模型进行验证，结果表明 Jensen 模型对水盐耦合作用下的西葫芦产量具有较好的预测能力，实际值与计算值较为接近，可以采用此水盐生产函数进行西葫芦产量的模拟预测。

第8章 微咸水膜下滴灌西葫芦土壤水盐运移模拟

对微咸水滴灌土壤水盐运移研究的方法可以分为3类，即试验研究、理论分析和数值模拟。试验研究能真实反映微咸水滴灌条件下土壤水盐运移的特征和规律，是进行微咸水合理开发利用的基础，但实际情况千变万化，试验研究不可能把所有情况都进行试验分析，因此试验研究费时、费力，而且研究结果只能应用于研究的具体条件下，普适性较差（孔晓燕，2017；郭力琼，2016；吴军虎等，2015；王春霞等，2010；严晓燕等，2010）。理论分析是根据土壤水动力学和溶质运移理论，建立滴灌土壤水盐运移数学模型，进行理论求解，求解结果在一定程度上能揭示滴灌水盐运移的内在规律，但由于水盐运移模型属于二阶非线性偏微分方程组，在进行理论求解时需要做大量简化假定才能进行求解，因此求解结果离应用还有一定距离（李光永等，1997；雷廷武等，1992；张振华等，2004；Chu S.T，1994）。数值模拟是采用一定的离散方法，对水盐运移方程进行离散，然后形成方程组，再选用恰当的计算机语言进行编程求解，得到求解区域离散节点的水盐近似解（虎胆·吐马尔白等，2012；杨昕馨，2011；苏李君，2010；王伟等，2009；孙海燕，2008）。数值模拟的优点是能计算理论分析方法无法求解的数学方程，比试验方法省时、省钱，但其毕竟是一种近似解方法，适用范围受数学模型和模型参数的正确性以及计算机的性能所限制。3种研究方法各有优点，相互补充，试验研究是理论分析和数值模拟的基础，理论分析可以帮助试验研究揭示现象的本质，经过试验验证的数值模型，可以方便快捷地模拟不同实际情况。本章将采用数值模拟的研究方法，对微咸水膜下滴灌西葫芦土壤水盐运移进行研究，以期为微咸水膜下滴灌的应用提供理论支撑。

8.1 土壤水盐运移基本理论

8.1.1 土壤水分运动基本理论

8.1.1.1 土壤水分的形态

土壤是由固相、液相和气相三相组成的疏松多孔体。其中，土壤的固相构成了土壤骨架，在土壤骨架内包含大量孔隙，土壤水分与空气相互竞争共存于土壤孔隙内。土壤水分按其物理形态可划分成气态水、固态水和液态水 3 种。气态水主要以气态的水汽存在于土壤孔隙中，特别大的孔隙成为土壤空气的主要存在空间。固态水主要以冰和固体物质的化合水及结晶水形式存在。而最为活跃且与作物生长关系最为密切的水分形态为液态水。液态水在土壤中由于受到各种不同吸力（土粒分子吸力、粒间毛管吸力和重力）的作用，又会呈现出不同的状态，一般可将其分为吸湿水、薄膜水、毛管水和重力水。

（1）吸湿水。吸湿水是在土壤颗粒的分子引力作用下，土壤颗粒吸附空气中的水分子在其表面形成的一薄层水膜。它的厚度和含量取决于空气中水汽饱和度。在绝对干燥的空气中，吸湿水含量很小，近似为零。在饱和水汽条件下，吸湿水含量达到最大值。在吸湿水含量达到最大值时的土壤含水量称为土壤的吸湿系数，又称为最大吸湿量。吸湿水受到土壤固体颗粒巨大的吸附作用，因此吸湿水含量与土壤质地、有机质含量和土壤溶质含量有关；由于吸湿水紧紧被束缚在土壤颗粒上，不能自由运动，故难以被植物利用。

（2）薄膜水。薄膜水又称为松束缚水。当土壤的吸湿水含量达到最大值后，在吸湿水层外面所形成的一层膜状的液态水称为薄膜水。土壤保持这种水分的力是土粒吸附吸湿水后所剩余的分子引力。薄膜水所受的吸力较吸湿水小，其所受吸力范围为 $0.63 \sim 3.1 MPa$，但这种吸力仍大大超过地心吸力，故重力不能使这种水移动。靠近土粒表面的膜状水所受吸力较大，离土粒表面越远，所受吸力越小，最后过渡到不受土粒分子引力影响的自由水。当薄膜水达到最大含量时的土壤含水量称为最大分子持水量。

薄膜水可以被植物吸收利用，但因其移动速度十分缓慢（每小时仅 $0.2 \sim 0.4 mm$），故对植物来说是供不应求的，只有在与根系相接触的地方及其周围很小的范围内，受引力较小的那部分薄膜水（小于 $1.5 MPa$）才能对植物发挥作用。由于这个水量十分有限，所以，当土壤变干时，植物在薄膜水尚未全部消耗完之前，就会呈现凋萎状态。当植物开始永久凋萎时的土壤含水量称为凋萎系数。凋萎系数是作物可利用水的下限。

（3）毛管水。当土壤水的含量超过薄膜水的最大含量以后，便形成不受土粒吸力影响而移动性较大的自由水，这种水分因受土壤毛管力的作用而在毛管孔隙（直径为 $0.002 \sim 0.06 mm$）中保持和运动，故称为毛管水。毛管水的性质和运动主要取决于毛管力的作用。毛管水受力较小，具有较强的自由移动能力，可以被植物吸收利用。同时毛管水具有溶解土壤中化学物质的能力，因此也是土壤中化学物质的溶剂和载体。根据土壤水分与地下水的连接程度，可将毛管水分为毛管上升水和毛管悬着水。当地下水埋深较浅时，地下水可以通过毛管力的作用沿毛管上升到一定高度，这种土壤水分称为毛管上升水。毛管上升水是地下水对土壤水分补充的一种主要形式。在地下水比较浅的情况下，通

过毛管水升水作用，植物间接地吸收和利用地下水。毛管水垂直上升高度与毛管直径存在函数关系，可用公式表示为

$$h = \frac{3}{D} \tag{8.1}$$

式中：h 为上升高度；D 为毛管直径。

若地下水埋深较大，地下水通过毛管作用无法升至地表，而降雨或灌溉后水分通过上层土壤向下渗漏，一部分水分在重力作用下从大孔隙运动到深层，而一部分水分受毛管力作用而保持并呈现悬着状态，这部分水分称为毛管悬着水。

土壤中毛管悬着水达到最大含量时的土壤含水量称为田间持水量。它包括全部吸湿水、薄膜水和毛管悬着水。田间持水量是土壤在不受地下水影响的情况下所能保持水分的最大数量指标。当进入土壤的水分超过田间持水量时，一般只能逐渐加深土壤的湿润深度，而不能再增加土壤含水量的百分数。因此，它是土壤水中可以被作物有效利用的上限，常作为计算灌水定额的依据。

（4）重力水。当土壤含水量达到田间持水量之后，多余的水分由于不能为毛管引力所保持而会受到重力的支配，沿着土壤中的大孔隙向下移动。土壤中这种受重力作用而向下移动的水分称为重力水。重力水可分为两种，即自由重力水和支持重力水。当重力水向下移动时，如果中途不遇到任何障碍则可一直进入地下水层，成为地下水的补给来源，称为自由重力水。自由重力水只经过土壤而不在土壤中保留。如果重力水在下移途中遇到不透水层，即可被阻挡在此层之上成为滞水，称为支持重力水。支持重力水的继续积累，由于静水压力及重力的影响，会沿着不透水层的斜坡做侧向流动。如果向下移动的重力水水源充足，则支持重力水可形成临时的地下水层，它能把土壤中的所有孔隙填满。当土壤中全部孔隙被水充满，也就是土壤所含的重力水达到饱和时的土壤含水量，称为饱和持水量或全持水量。它可以实际测定，也可按土壤总孔隙度换算求得。

8.1.1.2 土壤水分的能态

土壤中的水分如同自然界中的其他物体一样，也具有不同形式和数量的能，处于一定的能量状态，能自发地从能量高的地方向能量低的地方运动，最后达到平衡。

土壤中水分的"能"主要有动能和势能两种形式。物体由于运动所产生的能量称为动能，在其状态和温度的变化中也含有动能的变化。势能则是由物体在力场中的位置或内部条件所造成的。由于水分在土壤中运动很慢，其动能一般可以忽略不计。因此，土壤水分的能量状态主要是指土壤水的势能，一般简称为土水势。

水分子在土壤中受到多种力作用，不仅有重力，还有通过液体传递的压

力，土壤颗粒的吸持和土壤中溶质的吸力。温度也可以通过改变土壤水分的熵值而影响土壤水势，但温度对土壤水势的影响主要是通过改变土壤的物理化学性质（如黏性、表面张力和渗透压）来实现的。势能是物体由于力场的作用在位移方向上所具有的能量，因此土壤水的势能没有绝对量，只有相对大小，需要选择一个标准参考状态。标准参考状态通常定义为纯的（没有溶质）、自由的（除重力外没有其他外力）水在参考气压、参考温度和参考高度（将这一高度规定为零）下的状态。土壤水势的定义为单位数量的水所具有的能量与其在标准参考状态下所具有的能量的差。

根据影响土水势的各种因素，可将土水势分成若干分势，一般土水势由基质势、重力势、压力势、溶质势和温度势组成。

（1）基质势 ψ_m。土壤水的基质势是由土壤基质对水的吸持作用和毛细管作用而引起的，是将单位质量的水从非饱和土壤中某一点移到标准参考状态，除了土壤基质作用外，其他各项维持不变，土壤水所做的功。由于标准参考状态是自由水，在此过程中土壤水要克服土壤基质的吸持作用，所以土壤水所做的功为负值。对于饱和土壤，土壤水的基质势与自由水相当，基质势为零；而对于非饱和土壤，基质势小于零。土壤基质吸持作用的大小随土壤基质吸水量的增加而减小，所以土壤基质势与土壤含水量密切相关。由于土壤水分所受的土壤吸持作用比较复杂，一般难以从理论上给出相应的计算公式，故通常采用实际测定的方法进行确定，常用的测定方法有张力计法、离心机法、压力板法和压力膜仪法。

（2）重力势 ψ_g。土壤水的重力势是由重力场的存在而引起的，是将单位质量的水从土壤水的高度 z 移到参考高度 z_0，土壤水所做的功。重力势的大小与坐标原点的位置和坐标轴的方向有关。在具体研究土壤水分问题时，往往根据需要选取合适的坐标原点位置，使标准参考状态的重力势为零。通常坐标原点选在地表或地下水水位处。坐标方向根据研究方便可取上或下，坐标轴的方向不同，重力势的表达也有所不同。若坐标轴向上为正，则重力势的值（单位质量）为

$$\psi_g = z \tag{8.2}$$

若坐标轴向下为正，则重力势的值（单位质量）为

$$\psi_g = -z \tag{8.3}$$

（3）压力势 ψ_p。土壤水的压力势是由上层土壤水的重力作用而引起的。压力势 ψ_p 定义为上层的饱和水对研究点单位质量土壤水所施加的压力，因为参考压力 P_0 通常为大气压，所以其值为

$$\psi_p = z - z_{up} \tag{8.4}$$

式中：z 为研究点的垂直坐标；z_{up} 为上层饱和-非饱和土壤界面的垂直坐标。

对于饱和土，土壤水的压力势为正；对于非饱和土，一般认为土壤孔隙与大气相连接，各点土壤承受的压力均为大气压，所以非饱和土壤水的压力势为零。但土壤密闭孔隙中的水承受的压力可能不同于大气压，故具有非零压力势。

（4）溶质势 ψ_s。 由于土壤中含有一定的可溶性盐类，这些盐类溶于水中成为离子，离子在水化时，把其周围的水分子吸引到离子周围成定向排列，这就会使土壤水分失去一部分自由活动的能力，这种由溶质所产生的势能称为溶质势（或称为渗透势）。其大小为将单位水量从一个平衡土水系统移到没有溶质的、其他状态都与其相同的另一个系统时所做的功。如果以纯洁的自由水的溶质势为零，则在其他条件相同的情况下，含有溶质的土壤水的溶质势即为负值。含有一定溶质的单位质量土壤水的溶质势可表示为

$$\psi_s = -\frac{c}{\mu}RT \tag{8.5}$$

式中：c 为单位体积溶液中含有的溶质质量；μ 为溶质的摩尔质量；R 为普适气体常量；T 为热力学温度。

上述方程是针对单一溶质的溶质势计算，而对于多组分溶液，总的溶质势等于各个组分产生的溶质势的叠加。

溶质势产生的条件是水分所通过的介质具有半透膜特征，但实际土壤中一般不具有半透膜特征，因此通常研究水分在土壤中的运动时，不需要考虑溶质势。而植物根系具有半透膜特征，水分从土壤向植物体传输时，必须考虑溶质势的作用。

（5）温度势 ψ_T。 温度势是由温度场的温差所引起的。土壤中任一点土壤水分的温度势由该点的温度与标准参考状态的温度之差所决定，温度势用式（8.6）计算：

$$\psi_T = -S_e \Delta T \tag{8.6}$$

式中：S_e 为单位数量土壤水分的熵值；ΔT 为温度差。

通常认为，由于温差存在而造成的土壤水分运动通量相对而言是很小的，所以，在分析土壤水分运动时，温度势的作用常被忽略。然而，温度对土壤水分运动的影响是多方面的，不仅仅是温度势。温度的变化会改变土壤水分的理化性质（如黏性、表面张力及渗透压等），从而影响到基质势、溶质势的大小及土壤水分运动参数。温度状况还决定着水的相变，从而决定着土壤中水的汽相流和液相流的比例。通常忽略土壤水汽运动，但当温度达到一定程度时，水汽运动在土壤水分运动中可能占到相当大的比例而不能被忽略。水的热容量远大于土壤固体颗粒，所以土壤水分状况在很大程度上决定着土壤中的热流。水汽传输另一个重要的意义是伴随着土壤中热量的传递，随之影响土壤的热特

性。在田间，土壤温度的时空变化往往很大，温度在很多情况下不能看作是均匀的，因此研究温度梯度作用下的水热耦合运移问题具有特别重要的意义。

（6）土壤总水势 ψ。将上述 5 个分势累加便构成土壤总水势：

$$\psi = \psi_s + \psi_m + \psi_g + \psi_p + \psi_T \tag{8.7}$$

需要说明的是并不是所有分势组成土壤总水势，而是在不同情况下，土壤总水势由不同分势组成。通常情况下，溶质势和温度势都很小，可以忽略不计。对于饱和土壤水分运动，由于基质势为零，土壤总水势由压力势和重力势组成，即

$$\psi = \psi_g + \psi_p \tag{8.8}$$

对于非饱和土壤水分运动，由于压力势为零，土壤总水势由基质势和重力势组成，即

$$\psi = \psi_m + \psi_g \tag{8.9}$$

8.1.1.3　土壤水分运动基本定律

（1）土壤水流简化模型。土壤孔隙的形状及粗细是非常复杂的，在实际中，要了解每一个孔隙的水流既不可能也没有必要。为此，常用宏观流速向量来说明复杂多孔介质中的水流。它是土壤所有孔隙中微观速度的平均，用这种方法研究土壤水分运动，实际上是对土壤水流区域进行简化，称为土壤水流简化模型。

土壤水流和孔隙介质所占据的空间称为土壤水流区，土壤水流的简化模型为：土壤水流区的边界形状和边界条件维持不变，但略去土壤水流区内颗粒骨架所占的体积，设想土壤水流区全部被水充满，为了使土壤水流模型中的流量反映实际流量，任一微小面积 ΔA 上的水流"流速"应等于该面积的实有流量 ΔQ 除以面积 ΔA，即

$$J_w = \frac{\Delta Q}{\Delta A} \tag{8.10}$$

J_w 的量纲是 L/T，即单位时间的长度，是速度量纲。但"流速"一词的意义不确切。因为土壤孔隙在形状、宽度和方向上都是变化的，土壤中的真实流速也是不固定的，严格意义上说，不能指望有一个单一的流速，充其量不过是平均流速。然而，平均流速也是不正确的。由式（8.10）可知，实际水流并不是在整个横截面（ΔA）上进行，因为一部分面积实际是土壤颗粒填充的，只有孔隙部分才允许水流动，所以真实的面积小于 ΔA；再者，真实的水流通道也大于土壤水流区的表观长度，因为水流通道一般是弯曲的。由于以上原因，人们用通量密度（简称通量）来表示单位时间内通过单位横截面面积的水流容积，而不用流速一词。

（2）非饱和土壤水流运移特点。非饱和流与饱和流有一些共同之处，例

如，它们都服从热力学第二定律，在一定势梯度下发生运动，土壤孔隙的性状对两种流动都有直接的影响等。但非饱和流与饱和流存在一些明显区别，也就是说非饱和流具有自己独特的运动规律。这些特点主要表现在以下几个方面：

1）土壤水分运动的驱动力。在不存在半透膜的情况下，虽然饱和流与非饱和流的驱动力都是水力势梯度，但饱和流驱动力是压力势和重力势梯度，而非饱和流驱动力是基质势和重力势梯度。在不考虑重力势情况下（如在水平土柱中的水流），饱和流的驱动力是压力势梯度，而非饱和流的驱动力是基质势梯度。

2）土壤导水率。饱和土壤与非饱和土壤水分运动最重要的差别之一就是土壤导水率。但土壤处于饱和状态时，土壤孔隙全部被水充满，土壤水分连续性最好，土壤导水通道最好，因此土壤导水率最大。对于非饱和土壤而言，土壤孔隙一部分被水填充，另一部分被空气所占有，从而使土壤导水率截面面积变小。同时，根据土壤基质势与孔隙半径的关系可知，随着土壤吸力增大，土壤水所占的孔隙半径变小，而大孔隙相对排空而不导水，使土壤导水能力相应减小。因此，非饱和土壤导水率是土壤含水率的函数，而饱和土壤导水率在土壤结构和质地不变的情况下是一个定值。

3）土壤孔隙导水能力。土壤中粗大的孔隙无疑是土壤饱和水流良好的通道，因此土壤孔隙越粗，透水率越强。而在非饱和流中，大孔隙比较发育的土壤，在低吸力下，大孔隙透水性较细孔隙强，但当土壤水吸力增高到一定值时，大孔隙一旦被排空，则成为不导水的孔隙，土壤导水率急剧下降。而细孔隙比较发育的土壤，在较高基质吸力下孔隙仍然保持有水，故土壤导水率虽低但仍然保持一定值。所以在非饱和土壤中，不能简单地认为具有粗大孔隙的砂土的导水率比具有较多小孔隙的黏性土的导水率高。

（3）Buckingham-Darcy 通量定律。1907 年，Edgar Buckingham 提出了一个修正的 Darcy 定律用以描述通过非饱和土壤的水流。这个修正有以下两个基本假设：

1）在等温、非膨胀、无溶质半透膜及相对大气压为零的非饱和土壤中，土壤水流的驱动力是基质势与重力势之和的梯度，即水力势梯度。

2）非饱和土壤水流的导水率是土壤含水量或基质势的函数。

垂直向上一维非饱和土壤的 Buckingham-Darcy 通量定律可写为

$$J_w = -K(\theta)\frac{\partial \psi}{\partial z} = -K(\theta)\frac{\partial(\psi_m + z)}{\partial z} = -K(\theta)\left(\frac{\partial \psi_m}{\partial z} + 1\right) \quad (8.11)$$

式中：ψ_m 为基质势；z 为重力势，方向向上为正；$K(\theta)$ 为非饱和土壤导水率；J_w 为水流通量。

对于各向同性的土壤，其三维空间下的 Buckingham - Darcy 通量定律可表示为

$$J_w = -K(\theta)\nabla\psi \tag{8.12}$$

如果用基质吸力代替基质势，则 Buckingham - Darcy 通量定律可写为

$$J_w = -K(\theta)(-\nabla h \pm 1) \tag{8.13}$$

以上式中的正负号与垂向坐标轴方向的选取有关，如坐标轴方向向上为正，则取正号，反之则取负号。

8.1.1.4 土壤水分运动基本方程

（1）直角坐标系中的土壤水分运动基本方程。在考虑各层土壤均质且各向同性，入渗水流为连续介质且不可压缩，土壤水分运动过程中土壤骨架不变形的假设条件下，根据达西定律和质量守恒的连续性原理，土壤水分运动方程的一般形式可描述为

$$\frac{\partial\theta}{\partial t} = \frac{\partial}{\partial x}\left[K(\theta)\frac{\partial h}{\partial x}\right] + \frac{\partial}{\partial y}\left[K(\theta)\frac{\partial h}{\partial y}\right] + \frac{\partial}{\partial z}\left[K(\theta)\frac{\partial h}{\partial z}\right] + \frac{\partial K(\theta)}{\partial z}$$

$$\tag{8.14}$$

式中：h 为土壤水基质势，cm；$K(\theta)$ 为非饱和土壤导水率，cm/h；z 为空间坐标，cm，方向向上为正；t 为时间，h；θ 为土壤含水率，cm^3/cm^3。

在实际应用时，可根据需要将基本方程改写成多种表达形式。

1）以含水率 θ 为因变量的基本方程。将 $\dfrac{\partial h}{\partial x} = \dfrac{\partial h}{\partial\theta}\dfrac{\partial\theta}{\partial x}$、$\dfrac{\partial h}{\partial y} = \dfrac{\partial h}{\partial\theta}\dfrac{\partial\theta}{\partial y}$ 和 $\dfrac{\partial h}{\partial z}$

$= \dfrac{\partial h}{\partial\theta}\dfrac{\partial\theta}{\partial z}$ 代入式（8.14）得

$$\frac{\partial\theta}{\partial t} = \frac{\partial}{\partial x}\left[K(\theta)\frac{\partial h}{\partial\theta}\frac{\partial\theta}{\partial x}\right] + \frac{\partial}{\partial y}\left[K(\theta)\frac{\partial h}{\partial\theta}\frac{\partial\theta}{\partial y}\right] + \frac{\partial}{\partial z}\left[K(\theta)\frac{\partial h}{\partial\theta}\frac{\partial\theta}{\partial z}\right] + \frac{\partial K(\theta)}{\partial z}$$

$$\tag{8.15}$$

令 $K(\theta)\dfrac{\partial h}{\partial\theta} = D(\theta)$，则式（8.15）变为

$$\frac{\partial\theta}{\partial t} = \frac{\partial}{\partial x}\left[D(\theta)\frac{\partial\theta}{\partial x}\right] + \frac{\partial}{\partial y}\left[D(\theta)\frac{\partial\theta}{\partial y}\right] + \frac{\partial}{\partial z}\left[D(\theta)\frac{\partial\theta}{\partial z}\right] + \frac{\partial K(\theta)}{\partial z}$$

$$\tag{8.16}$$

式（8.16）便是以含水率为因变量的基本方程，其中 $D(\theta)$ 称为非饱和土壤扩散率，是土壤含水率或基质势的函数。由含水率为因变量的基本方程求解所得出的含水率分布及随时间的变化比较符合人们当前的使用习惯。方程的非饱和土壤扩散 $D(\theta)$ 随含水率变化的范围比导水率要小得多，故此种形式的基本方程常为人们所使用。但是，对于层状土壤，由于层间界面处含水率是不连续的，以含水率为因变量的基本方程则不适用。在求解饱和-非饱和流动问

题时，这种形式的方程也不宜使用。

2）以基质势 h 为因变量的基本方程。对式（8.14）左边进行变形，得

$$\frac{\partial \theta}{\partial h} \frac{\partial h}{\partial t} = \frac{\partial}{\partial x} \left[K(h) \frac{\partial h}{\partial x} \right] + \frac{\partial}{\partial y} \left[K(h) \frac{\partial h}{\partial y} \right] + \frac{\partial}{\partial z} \left[K(h) \frac{\partial h}{\partial z} \right] + \frac{\partial K(h)}{\partial z}$$

（8.17）

令 $\dfrac{\partial \theta}{\partial h} = C(h)$，则式（8.17）变为

$$C(h) \frac{\partial h}{\partial t} = \frac{\partial}{\partial x} \left[K(h) \frac{\partial h}{\partial x} \right] + \frac{\partial}{\partial y} \left[K(h) \frac{\partial h}{\partial y} \right] + \frac{\partial}{\partial z} \left[K(h) \frac{\partial h}{\partial z} \right] + \frac{\partial K(h)}{\partial z}$$

（8.18）

式（8.18）便是以基质势为因变量的基本方程，其中 $C(h)$ 称为比水容量或容水度，表示单位基质势变化时含水率的变化。以基质势为因变量的基本方程的主要特点是可用于统一饱和-非饱和流动问题的求解，也适用于分层土壤的水分运动计算，但方程中用到非饱和土壤导水率 $K(h)$，因参数数值随土壤基质势或含水率的变化范围太大，常造成计算困难并引起误差。

3）以参数 v 为因变量的基本方程。采用 Kirchhoff 变换，令 $v = \dfrac{\displaystyle\int_{h_c}^{h} K(\tau)\,\mathrm{d}\tau}{\displaystyle\int_{h_c}^{-\infty} K(\tau)\,\mathrm{d}\tau} = \dfrac{1}{V}\displaystyle\int_{h_c}^{h} K(\tau)\,\mathrm{d}\tau$，则

$$\frac{\partial v}{\partial h} = \frac{1}{V} K(h)$$

（8.19）

其中

$$V = \int_{h_c}^{-\infty} K(\tau)\,\mathrm{d}\tau$$

式中：h_c 为土壤的进气值，即土壤含水率开始小于饱和含水率时的负压值。

由式（8.17）变形得

$$\frac{\partial \theta}{\partial h} \frac{\partial h}{\partial v} \frac{\partial v}{\partial t} = \frac{\partial}{\partial x} \left[K(h) \frac{\partial h}{\partial v} \frac{\partial v}{\partial x} \right] + \frac{\partial}{\partial y} \left[K(h) \frac{\partial h}{\partial v} \frac{\partial v}{\partial y} \right] +$$
$$\frac{\partial}{\partial z} \left[K(h) \frac{\partial h}{\partial v} \frac{\partial v}{\partial z} \right] + \frac{\partial K(h)}{\partial h} \frac{\partial h}{\partial v} \frac{\partial v}{\partial z}$$

（8.20）

将式（8.19）代入式（8.20）得

$$\frac{\partial \theta}{\partial h} \frac{V}{K(h)} \frac{\partial v}{\partial t} = \frac{\partial}{\partial x} \left[K(h) \frac{V}{K(h)} \frac{\partial v}{\partial x} \right] + \frac{\partial}{\partial y} \left[K(h) \frac{V}{K(h)} \frac{\partial v}{\partial y} \right] +$$
$$\frac{\partial}{\partial z} \left[\frac{V}{K(h)} \frac{\partial h}{\partial v} \frac{\partial v}{\partial z} \right] + \frac{\partial K(h)}{\partial h} \frac{V}{K(h)} \frac{\partial v}{\partial z}$$

（8.21）

令 $Y(v) = \dfrac{\partial \theta}{\partial h} \dfrac{1}{K(h)} = \dfrac{1}{D(h)} = \dfrac{C(h)}{K(h)}$，$X(v) = \dfrac{\partial K(h)}{\partial h} \dfrac{1}{K(h)}$，得

$$Y(v)\frac{\partial v}{\partial t} = \frac{\partial^2 v}{\partial x^2} + \frac{\partial^2 v}{\partial y^2} + \frac{\partial^2 v}{\partial v^2} + X(v)\frac{\partial v}{\partial z} \tag{8.22}$$

在非饱和区：

$$v = \frac{1}{V}\int_{h_c}^{h} K(\tau)\mathrm{d}\tau < 0$$

在饱和区：

$$v = \frac{1}{V}\int_{h_c}^{h} K(\tau)\mathrm{d}\tau > 0$$

且 $C(h) = \dfrac{\partial \theta}{\partial h} = 0$，$\dfrac{\partial K(h)}{\partial h} = 0$，所以

$$Y(v) = 0; \quad X(v) = 0$$

则式（8.22）简化为

$$\frac{\partial^2 v}{\partial x^2} + \frac{\partial^2 v}{\partial y^2} + \frac{\partial^2 v}{\partial z^2} = 0$$

4）以参数 u 为因变量的基本方程。定义：

$$u = \frac{\displaystyle\int_{\theta_i}^{\theta} D(\theta)\mathrm{d}\theta}{\displaystyle\int_{\theta_i}^{\theta_s} D(\theta)\mathrm{d}\theta} = \frac{1}{U}\int_{\theta_i}^{\theta} D(\theta)\mathrm{d}\theta$$

其中

$$U = \int_{\theta_i}^{\theta_s} D(\theta)\mathrm{d}\theta$$

式中：θ_i 为初始含水率；θ_s 为饱和含水率。

由式（8.16）变形得

$$\frac{\partial \theta}{\partial u}\frac{\partial u}{\partial t} = \frac{\partial}{\partial x}\left[D(\theta)\frac{\partial \theta}{\partial u}\frac{\partial u}{\partial x}\right] + \frac{\partial}{y}\left[D(\theta)\frac{\partial \theta}{\partial u}\frac{\partial u}{\partial y}\right] +$$

$$\frac{\partial}{\partial z}\left[D(\theta)\frac{\partial \theta}{\partial u}\frac{\partial u}{\partial z}\right] + \frac{\partial K(\theta)}{\partial \theta}\frac{\partial \theta}{\partial u}\frac{\partial u}{\partial z}$$

将 $\dfrac{\partial u}{\partial \theta} = \dfrac{1}{U}D(\theta)$ 代入上式得

$$\frac{U}{D(\theta)}\frac{\partial u}{\partial t} = \frac{\partial}{\partial x}\left[D(\theta)\frac{U}{D(\theta)}\frac{\partial u}{\partial x}\right] + \frac{\partial}{\partial y}\left[D(\theta)\frac{U}{D(\theta)}\frac{\partial u}{\partial y}\right] +$$

$$\frac{\partial}{\partial z}\left[D(\theta)\frac{\partial \theta}{\partial u}\frac{\partial u}{\partial z}\right] + \frac{\partial K(\theta)}{\partial \theta}\frac{U}{D(\theta)}\frac{\partial u}{\partial z}$$

所以

$$\frac{\partial u}{\partial t} = D(\theta)\frac{\partial^2 u}{\partial x^2} + D(\theta)\frac{\partial^2 u}{\partial y^2} + D(\theta)\frac{\partial^2 u}{\partial z^2} + \frac{\partial K(\theta)}{\partial \theta}\frac{\partial u}{\partial z} \tag{8.23}$$

以参数 v、u 为因变量的基本方程相应于以 h、θ 为因变量的基本方程，由于所定义的变量 v 和 u 的变化范围为 $0\sim1$，且方程的形式相对简单，因此，求解很方便，特别是在求解饱和-非饱和流动问题时，以 v 为因变量的基本方程不失为一种较好的表达式。

（2）柱坐标系中的土壤水分运动基本方程。以 z 轴为中心轴的柱坐标系的达西定律可表示为

$$\left.\begin{array}{l} q_r = -K(\theta)\dfrac{\partial H}{\partial r} \\[3mm] q_\varphi = -\dfrac{1}{r}K(\theta)\dfrac{\partial H}{\partial \varphi} \\[3mm] q_z = -K(\theta)\dfrac{\partial H}{\partial z} \end{array}\right\} \tag{8.24}$$

式中：r、φ、z 分别为柱坐标系的半径、角坐标和垂直坐标；q_r、q_φ、q_z 分别为 r、φ、z 3 个方向的通量；H 为总水势。

根据柱坐标系的达西定律和连续性方程，可得柱坐标系的基本方程为

$$\frac{\partial \theta}{\partial t} = \frac{1}{r}\frac{\partial}{\partial r}\left[rD(\theta)\frac{\partial \theta}{\partial r}\right] + \frac{1}{r^2}\frac{\partial}{\partial \varphi}\left[D(\theta)\frac{\partial \theta}{\partial \varphi}\right] + \frac{\partial}{\partial z}\left[D(\theta)\frac{\partial \theta}{\partial z}\right] + \frac{\partial K(\theta)}{\partial z} \tag{8.25}$$

对于轴对称问题，式（8.25）可简化为

$$\frac{\partial \theta}{\partial t} = \frac{1}{r}\frac{\partial}{\partial r}\left[rD(\theta)\frac{\partial \theta}{\partial r}\right] + \frac{\partial}{\partial z}\left[D(\theta)\frac{\partial \theta}{\partial z}\right] + \frac{\partial K(\theta)}{\partial z} \tag{8.26}$$

（3）球坐标系中的土壤水分运动基本方程。球坐标系的达西定律可表示为

$$\left\{\begin{array}{l} q_r = -K(\theta)\dfrac{\partial H}{\partial r} \\[3mm] q_\varphi = -\dfrac{1}{r\sin\alpha}K(\theta)\dfrac{\partial H}{\partial \varphi} \\[3mm] q_\alpha = -\dfrac{1}{r}K(\theta)\dfrac{\partial H}{\partial \alpha} \end{array}\right. \tag{8.27}$$

式中：r、φ、α 分别为球坐标系的半径、经度坐标和纬度坐标；q_r、q_φ、q_α 分别为 r、φ、α 3 个方向的通量；H 为总水势。

根据球坐标系的达西定律和连续性方程，可得球坐标系的基本方程为

$$\frac{\partial \theta}{\partial t} = \frac{1}{r^2}\frac{\partial}{\partial r}\left[r^2 D(\theta)\frac{\partial \theta}{\partial r}\right] + \frac{1}{(r\sin\alpha)^2}\frac{\partial}{\partial \varphi}\left[D(\theta)\frac{\partial \theta}{\partial \varphi}\right] +$$

$$\frac{1}{r^2}\frac{\partial}{\partial \alpha}\left[D(\theta)\frac{\partial \theta}{\partial \alpha}\right] + \cos\alpha\frac{\partial K(\theta)}{\partial r} - \frac{\sin\alpha}{r}\frac{\partial K(\theta)}{\partial \alpha} \tag{8.28}$$

8.1.2 土壤盐分运移基本理论

土壤中溶质的运动是十分复杂的，溶质随着土壤水分的运动而迁移。不仅如此，溶质在自身浓度梯度的作用下也会运动。部分溶质可以被土壤吸附、被植物吸收或者当浓度超过了水的溶解度后会离析沉淀。溶质在土壤中还有化合分解、离子交换等化学变化。所以，土壤中的溶质处在一个物理、化学和生物的相互联系与连续变化的系统中。本节主要从溶质的对流运移、分子扩散和机械弥散角度，介绍土壤溶质迁移物理过程和基本运移方程。

8.1.2.1 土壤溶质迁移物理过程

（1）溶质的对流运移。对流是指在土壤水分运动过程中，同时携带着溶质运移。单位时间内通过土壤单位横截面面积的溶质质量称为溶质通量，溶质的对流通量记为 J_c。单位体积土壤水溶液中所含有的溶质质量，称为溶质的浓度，记为 c。溶质的对流通量 J_c 为溶质浓度 c 和土壤水通量 q 的乘积，即

$$J_c = qc \tag{8.29}$$

若以 $v = q/\theta$ 表示土壤水溶液的平均孔隙流速，则式（8.29）可改写为

$$J_c = v\theta c \tag{8.30}$$

（2）溶质的分子扩散。溶质的分子扩散是由分子的不规则热运动即布朗运动引起的，其趋势是溶质由浓度高处向浓度低处运移，以求最后达到浓度的均匀。当存在浓度梯度时，即使在静止的自由水体中，分子的扩散作用同样也会使溶质从较集中处扩散开来。自由水中溶质的分子扩散通量符合 Fick 第一定律，即

$$J_d^0 = -D_0 \frac{\partial c}{\partial z} \tag{8.31}$$

式中：J_d^0 为溶质在自由水体中的分子扩散通量；D_0 为溶质在自由水体中的分子扩散系数；$\frac{\partial c}{\partial z}$ 为溶质的浓度梯度。

与自由溶液中溶质的扩散现象类似，在土壤中，溶质的分子扩散规律同样符合 Fick 第一定律：

$$J_d = -\theta D_s \frac{\partial c}{\partial z} \tag{8.32}$$

式中：J_d 为土壤水中溶质的分子扩散通量；D_s 为土壤水中溶质分子扩散系数。

在土壤中，液相仅占土壤总容积的一部分，分子扩散系数 D_s 也远小于自由水体中的 D_0，随着土壤含水率的降低，液相所占的面积越来越小，实际扩散的路径越来越长，因此其分子扩散系数趋向减小。一般将溶质在土壤中的分子扩散系数仅表示为含水率的函数，而与溶质的浓度无关。

（3）溶质的机械弥散。由于土壤颗粒和孔隙在微观尺度上的不均匀性，溶

液在流动过程中，溶质不断被分散进入更为纤细的通道，每个细孔中流速的方向和大小都不一样，正是这种原因使溶质在流动过程中逐渐分散并占有越来越大的渗流区域范围。溶质的这种运移现象称为机械弥散。宏观上土壤水分流动区域的渗透性不均一，也可促成或加剧机械弥散的作用。

实践证明，由机械弥散引起的溶质通量也服从 Fick 第一定律，对非饱和土壤水机械弥散引起的溶质通量 J_h 可写成类似的表达式：

$$J_h = -\theta D_h(v)\frac{\partial c}{\partial z} \tag{8.33}$$

式中：$D_h(v)$ 为机械弥散系数，一般表示为渗流速度 v 的线性关系，即

$$D_h(v) = \lambda|v| \tag{8.34}$$

式中：λ 为经验常数，与土壤质地和结构有关。

（4）溶质的水动力弥散。机械弥散和分子扩散作用在土壤中均引起溶质分散，但因微观流速不易测定，弥散和扩散作用也很难区别，同时两者所引起的溶质迁移通量表达式的形式基本相同，所以在实际中常把两种作用联合考虑，并称之为水动力弥散作用。同样把分子扩散系数和机械弥散系数叠加起来，称之为水动力弥散系数。因此，水动力弥散作用是个别分子或离子在孔隙中运动和在孔隙中所发生的一切物理及化学作用的宏观表现。

土壤溶质的水动力弥散现象发生可归结于以下几方面原因：作用在土壤溶液的外部力改变土壤孔隙水流速度；孔隙复杂的几何特性引起土壤孔隙水流的不均匀性，造成土壤溶质的分散；存在浓度梯度的情况下，分子扩散作用使得溶质浓度向着浓度均匀的方向发展；土壤溶液的密度和动力黏滞系数的变化影响着土壤溶液的流态，从而改变土壤溶质的分散特性；土壤溶液中的物理化学作用改变土壤溶质的浓度，从而影响土壤溶质的分散特性；土壤溶液中的相互作用同样影响土壤溶质的迁移特性，惰性和活性溶质迁移特性差异就说明了这一点；环境温度的改变影响土壤水的基本特性及溶质特性，从而改变土壤溶质的迁移过程（王全九等，2007）。

分子扩散和机械弥散的机理是不同的。但两者的表达相似，因此，将分子扩散与机械弥散综合，称为水动力弥散。水动力弥散所引起的溶质通量 J_D 可表示为

$$J_D = -\theta(D_h + D_s)\frac{\partial c}{\partial z} = -\theta D_{sh}\frac{\partial c}{\partial z} \tag{8.35}$$

式中：D_{sh} 为水动力弥散系数。

当对流速度相当大时，机械弥散的作用会大大超过分子扩散作用，以致水动力弥散中只需考虑机械弥散作用；反之，当土壤溶液静止时，则机械弥散完全不起作用只剩下分子扩散了。

综上所述，对流弥散模型土壤中总的溶质通量为

$$J = -\theta D_{sh} \frac{\partial c}{\partial z} + qc \tag{8.36}$$

8.1.2.2　土壤溶质运移基本方程

在不考虑溶质与固相发生吸附与解吸过程，溶质本身也不发生任何化学反应的情况下，根据质量守恒原理，土壤单元体内溶质的质量变化率应等于流入和流出该单元体溶质通量之差，可导出溶质运移的连续方程为

$$\frac{\partial(\theta C)}{\partial t} = -\left(\frac{\partial J_x}{\partial x} + \frac{\partial J_y}{\partial y} + \frac{\partial J_z}{\partial z} \right) - \left[\frac{\partial(q_x C)}{\partial x} + \frac{\partial(q_y C)}{\partial y} + \frac{\partial(q_z C)}{\partial z} \right] \tag{8.37}$$

式中：C 为土壤溶质的浓度，$\mathrm{mg/cm^3}$；θ 为土壤含水率，$\mathrm{cm^3/cm^3}$；q_x、q_y、q_z 分别为 x、y、z 方向土壤水分通量，$\mathrm{cm/h}$；J_x、J_y、J_z 分别为 x、y、z 方向溶质的水动力弥散通量，$\mathrm{mg/(cm^2 \cdot h)}$。

将水动力弥散通量 $J = -\theta D_{ij} \dfrac{\partial c}{\partial x_j}$（$D_{ij}$ 为水动力弥散张量）代入式（8.37）得

$$\begin{aligned}
\frac{\partial(\theta C)}{\partial t} = {} & \frac{\partial}{\partial x}\left(\theta D_{xx} \frac{\partial C}{\partial x}\right) + \frac{\partial}{\partial x}\left(\theta D_{xy} \frac{\partial C}{\partial y}\right) + \frac{\partial}{\partial x}\left(\theta D_{xz} \frac{\partial C}{\partial z}\right) + \frac{\partial}{\partial y}\left(\theta D_{yy} \frac{\partial C}{\partial y}\right) + \\
& \frac{\partial}{\partial y}\left(\theta D_{yx} \frac{\partial C}{\partial x}\right) + \frac{\partial}{\partial y}\left(\theta D_{yz} \frac{\partial C}{\partial z}\right) + \frac{\partial}{\partial z}\left(\theta D_{zz} \frac{\partial C}{\partial z}\right) + \frac{\partial}{\partial z}\left(\theta D_{zx} \frac{\partial C}{\partial x}\right) + \\
& \frac{\partial}{\partial z}\left(\theta D_{zy} \frac{\partial C}{\partial y}\right) - \left[\frac{\partial(q_x C)}{\partial x} + \frac{\partial(q_y C)}{\partial y} + \frac{\partial(q_z C)}{\partial z} \right]
\end{aligned} \tag{8.38}$$

式（8.38）可简写为

$$\frac{\partial(\theta C)}{\partial t} = \frac{\partial}{\partial x_i}\left(\theta D_{ij} \frac{\partial C}{\partial x_j}\right) - \frac{\partial(q_i C)}{\partial x_i} \quad (i,\, j = 1,\, 2,\, 3) \tag{8.39}$$

在考虑溶质与固相吸附和溶质化学反应时，式（8.39）可变为

$$\frac{\partial(\theta C + \rho C_s)}{\partial t} = \frac{\partial}{\partial x_i}\left(\theta D_{ij} \frac{\partial C}{\partial x_j}\right) - \frac{\partial(q_i C)}{\partial x_i} + Q_e \quad (i,\, j = 1,\, 2,\, 3) \tag{8.40}$$

式中：ρ 为土壤容重，$\mathrm{g/cm^3}$；C_s 为单位质量土壤中吸附溶质的量，$\mathrm{mg/g}$；Q_e 为单位时间单位体积土壤中溶质化学反应生成或消失的质量，$\mathrm{mg/(cm^3 \cdot h)}$。

8.2　微咸水膜下滴灌西葫芦土壤水盐运移模型建立

8.2.1　控制方程

地表滴灌条件下土壤水盐运动为三维流动问题。假设各层土壤为均质、各

向同性、骨架不变形的多孔介质，不考虑气相和温度对水分运动的影响，并假设滴灌点源条件下土壤水盐运移为轴对称，则水盐运移可简化为轴对称的二维问题来处理，计算区域如图 8.1 所示。此时，土壤水分运动方程可表示为

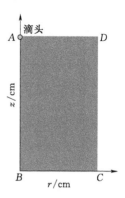

图 8.1 计算区域

$$\frac{\partial \theta}{\partial t} = \frac{1}{r} \frac{\partial}{\partial r}\left[rK(h)\frac{\partial h}{\partial r}\right] + \frac{\partial}{\partial z}\left[K(h)\frac{\partial h}{\partial z}\right] + \frac{\partial K(h)}{\partial z} - S$$

(8.41)

式中：r、z 为平面坐标，规定 z 轴向上为正，cm；h 为负压水头，cm；$K(h)$ 为非饱和土壤导水率，cm/h；θ 为土壤体积含水率，cm^3/cm^3；t 为时间，h；S 为根系吸水速率，1/h。

土壤盐分运移方程为

$$\frac{\partial(\theta C)}{\partial t} = \frac{1}{r}\frac{\partial}{\partial r}\left(r\theta D_{rr}\frac{\partial C}{\partial r}\right) + \frac{\partial}{\partial z}\left(\theta D_{zz}\frac{\partial C}{\partial z}\right) - \left[\frac{1}{r}\frac{\partial(rq_r C)}{\partial r} + \frac{\partial(q_z C)}{\partial z}\right]$$

(8.42)

式中：C 为土壤盐分的浓度，mg/cm^3；θ 为土壤含水率，cm^3/cm^3；q_r、q_z 分别为 r 方向和 z 方向的土壤水分通量，cm/h；D_{rr}、D_{zz} 为水动力弥散系数张量的分量，cm^2/h，由于假定土壤均质且各向同性，故 $D_{rr}=D_{zz}$。

为了离散和计算的简便，对式（8.42）进行化简。

对式（8.42）进行求导展开：

$$\theta\frac{\partial C}{\partial t} + C\frac{\partial \theta}{\partial t} = \frac{1}{r}\frac{\partial}{\partial r}\left(r\theta D_{rr}\frac{\partial C}{\partial r}\right) + \frac{\partial}{\partial z}\left(\theta D_{zz}\frac{\partial C}{\partial z}\right) -$$

$$\left[q_r\frac{\partial C}{\partial r} + C\frac{\partial q_r}{\partial r} + C\frac{q_r}{r} + q_z\frac{\partial(C)}{\partial z} + C\frac{\partial(q_z)}{\partial z}\right]$$

(8.43)

柱坐标系下水分连续性方程为

$$\frac{\partial \theta}{\partial t} = -\frac{\partial q_r}{\partial r} - \frac{\partial q_z}{\partial z} - \frac{q_r}{r}$$

(8.44)

将式（8.44）代入式（8.43），化简得

$$\theta\frac{\partial C}{\partial t} = \frac{1}{r}\frac{\partial}{\partial r}\left(r\theta D_{rr}\frac{\partial C}{\partial r}\right) + \frac{\partial}{\partial z}\left(\theta D_{zz}\frac{\partial C}{\partial z}\right) - \left(q_r\frac{\partial C}{\partial r} + q_z\frac{\partial C}{\partial z}\right) \quad (8.45)$$

8.2.2 初始条件

$$h(r, z, t) = h_0(r, z) \quad (t=0) \tag{8.46}$$

式中：$h_0(r, z)$ 为与初始含水率对应的负压水头，cm。

$$C(r, z, t) = C_0(r, z) \quad (t=0) \tag{8.47}$$

式中：$C_0(r, z)$ 为土壤初始盐分浓度分布，mg/cm^3。

8.2.3 边界条件

（1）水分运动边界条件。

1）地表边界。当地表滴头下土壤水分没有饱和时

$$-\left[K(h)\frac{\partial h}{\partial z}+K(h)\right]=q \quad (t>0) \tag{8.48}$$

其中
$$q=\frac{q_0}{A_1}$$

式中：q_0 为滴头流量；A_1 为 q 分布的面积。

当滴头流量超过土壤入渗率时，在滴头下土壤表面便会形成一个面积为 A_2 的圆形饱和区域。若假定在地表饱和区域积水深度可忽略不计，则在饱和区有如下边界条件：

$$h(r,0,t)=0 \quad (0\leqslant r\leqslant R_s) \tag{8.49}$$

对于地表非饱和区，由于地表覆膜，故为隔水边界：

$$-\left[K(h)\frac{\partial h}{\partial z}+K(h)\right]=0 \quad (t>0) \tag{8.50}$$

2）两侧边界 AB 和 DC，考虑滴灌布置和水分运动的对称性，两侧边界均为零通量边界：

$$\frac{\partial h}{\partial r}=0 \tag{8.51}$$

3）下边界 BC，为自由出流边界条件，即

$$\frac{\partial h}{\partial z}=0 \tag{8.52}$$

（2）盐分运移边界条件。

1）地表边界。当地表滴头下土壤水分没有饱和时，盐分运移为第三类边界：

$$-\theta D_{zz}\frac{\partial C}{\partial z}+q_zC=q_zC_a \quad (t>0) \tag{8.53}$$

式中：C_a 为灌溉水的盐分浓度，mg/cm^3。

当滴头流量超过土壤入渗率时，在滴头下土壤表面便会形成一个面积为 A_2 的圆形饱和区域，在饱和区盐分边界为第一类边界，即

$$C(r,0,t)=C_a \quad (0\leqslant r\leqslant R_a) \tag{8.54}$$

对于地表非饱和区，由于地表覆膜，故为隔盐边界：

$$\frac{\partial C}{\partial z}=0 \quad (t>0) \tag{8.55}$$

2）两侧边界 AB 和 DC，考虑滴灌布置和水分运动的对称性，两侧边界

均为零通量边界：

$$\frac{\partial C}{\partial r} = 0 \tag{8.56}$$

3）下边界 BC，为自由出流边界条件，即

$$\frac{\partial C}{\partial z} = 0 \tag{8.57}$$

8.3　土壤水分运动方程离散

8.3.1　土壤水分运动控制方程的迦辽金方程

为了方程求解方便，对式（8.41）进行如下变形：

$$r\frac{\partial\theta}{\partial t} = \frac{\partial}{\partial r}\left[rK(h)\frac{\partial h}{\partial r}\right] + r\frac{\partial}{\partial z}\left[K(h)\frac{\partial h}{\partial z}\right] + r\frac{\partial K(h)}{\partial z} - rS \tag{8.58}$$

通常的有限元法是基于变分原理，由能量泛函的极值条件推导有限元的基本方程。而加权余量有限元法则是直接从控制微分方程出发，用加权余量法来建立有限元基本方程。它的特点是不需要引入能量泛函，因此对能量泛函未知或不存在能量泛函的问题可以通过加权余量法来推导有限元的基本方程。而这时，通常的有限元法将无能为力，故加权余量有限元法扩大了有限元法的应用领域（孔祥谦，1986；高德利等，1994）。

目前用得较多的是迦辽金有限元法。加权余量有限元法进行公式化的基本步骤是，首先假设一个适用于各个单元的具有统一形式的试函数，该函数只是以某种方式近似满足给定的微分方程和边界条件；然后将试函数在各个单元内代入控制方程及边界条件方程，并对所得的各单元的余量总和按某种条件令其为零，即在整个求解区域上总残值按某种平均意义而言要求为零。这样就可以建立起包含有限点上函数近似值的方程组（高德利等，1994；陈崇希等，1990；刘圣民，1991）。

用迦辽金法求解土壤水分运动问题，就是寻求下列形式的试函数作为式（8.41）的近似解，并使其满足给定的边界条件。

$$\overline{h}(r, z, t) = \sum_{i=1}^{n} N_i(r, z)h_i(t) \tag{8.59}$$

式中：$N_i(r, z)(i=1, 2, \cdots, n)$ 为 n 个线性无关的函数组中的第 i 个基函数，n 个基函数称为基函数组；$h_i(t)$ 为 t 时刻节点 i 处的负压水头值，cm。

由于 $\overline{h}(r, z, t)$ 是微分方程的近似解，因此，一般来说，将式（8.59）代入式（8.41）时有

$$R(r, z) = \frac{\partial}{\partial r}\left[rK(h)\frac{\partial\overline{h}}{\partial r}\right] + r\frac{\partial}{\partial z}\left[K(h)\frac{\partial\overline{h}}{\partial z}\right] + r\frac{\partial K(h)}{\partial z} - rS - r\frac{\partial\theta}{\partial t} \neq 0$$

$$\tag{8.60}$$

称 $R(r, z)$ 为误差函数或剩余。

人们希望在某种意义上使此误差等于零,即 $R(r, z)$ 在计算区域 D 上的加权积分等于零。迦辽金法是一种特殊的加权剩余法,它是将基函数组作为权函数组,即

$$\iint_{D} R(r, z) N_i(r, z) \mathrm{d}r\mathrm{d}z = 0 \qquad (i = 1, 2, \cdots, n) \qquad (8.61)$$

在式 (8.61) 中如果先确定了基函数组合作为权函数组 $N_i(r, z)$,那么式 (8.61) 所示的方程组中,只含有 n 个待求的 h_i 值,由此便可解出 h_i。这种方法便称为迦辽金加权剩余法。

将式 (8.60) 代入到式 (8.61) 中得

$$\iint_{D} \left\{ \frac{\partial}{\partial r}\left[rK(h)\frac{\partial \overline{h}}{\partial r} \right] + r\frac{\partial}{\partial z}\left[K(h)\frac{\partial \overline{h}}{\partial z} \right] + r\frac{\partial K(h)}{\partial z} - rS - r\frac{\partial \theta}{\partial t} \right\} N_i(r, z)\mathrm{d}r\mathrm{d}z = 0$$

$$(i = 1, 2, \cdots, n)$$

$$(8.62)$$

将式 (8.62) 进行分部积分,得

$$\iint_{D} \left\{ \frac{\partial N_i}{\partial r}\left[rK(h)\frac{\partial \overline{h}}{\partial x} \right] + \frac{\partial N_i}{\partial z}\left[rK(h)\left(\frac{\partial \overline{h}}{\partial z} + 1\right) \right] + N_i rS + r\frac{\partial \theta}{\partial t} \right\} \mathrm{d}r\mathrm{d}z$$

$$-\int_{\Gamma} r\left[K(h)\frac{\partial \overline{h}}{\partial r}n_r + K(h)\left(\frac{\partial \overline{h}}{\partial z} + 1\right)n_z \right] N_i\mathrm{d}\Gamma = 0 \qquad (i = 1, 2, \cdots n)$$

$$(8.63)$$

式中:Γ 为计算区域 D 的边界;$\vec{n} = (n_r, n_z)$ 为边界 Γ 的单位外法线向量。

式 (8.63) 左端第二项积分为边界处以 N_i 加权的垂直于边界的流量,若边界流量为零或 N_i 为零,则此项积分为零。式 (8.63) 就是土壤水分运动方程的迦辽金方程。

8.3.2 三角单元剖分与基函数的构造

8.3.2.1 单元剖分

将计算区域 $ABCD$ 剖分为一系列的三角形,这种剖分一直要划分到边界。当边界为直线段时,边界的直线段作为三角形的一边;当边界为曲线段时,就用适当的折线段来逼近边界,这样,计算区域 $ABCD$ 经过截弯取直后成为一个多边形区域,在划分时应当遵守以下原则:

(1) 三角形的 3 条边尽可能接近,即尽可能为等边三角形。

(2) 三角形顶点不能落在另外某个三角形边上。

(3) 应考虑土水势在区域内的变化情况,在土水势梯度大的区域网格划分的尽可能密些,在土水势梯度小的区域网格可以划分大些。

综合考虑以上原则，计算区域划分结果如图 8.2 所示。

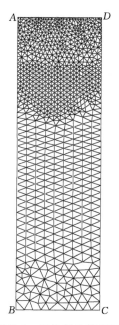

图 8.2 网格剖分结果图

8.3.2.2 单元上的负压水头近似函数及单元基函数

在计算区域内任取一个单元 e 进行分析。设此单元 3 个节点的编号分别为 i、j、k。它们按逆时针次序排列，如图 8.3 所示，其坐标依次为（r_i，z_i）、（r_j，z_j）、（r_k，z_k）。负压水头函数在 3 个节点的值依次为 h_i、h_j、h_k。单元 e 内的负压水头如何确定，有多种多样的方法，其中简单而又常用的方法是用平面代替单元 e 内的水头曲面，即用节点水头值 h_i、h_j、h_k 的线性插值作为三角单元 e 上水头分布的近似解（试探解），于是可设

$$h^e(r, z, t) = \beta_1^e + \beta_2^e r + \beta_3^e z \tag{8.64}$$

式中：β_1^e、β_2^e、β_3^e 为待定系数；上标 e 为单元编号。

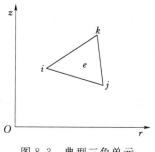

图 8.3 典型三角单元

由上所述，$h^e(r, z, t)$ 在节点 i、j、k 处的值分别为 h_i、h_j、h_k，即有

$$\begin{cases} \beta^e_1 + \beta^e_2 r_i + \beta^e_3 z_i = h_i \\ \beta^e_1 + \beta^e_2 r_j + \beta^e_3 z_j = h_j \\ \beta^e_1 + \beta^e_2 r_k + \beta^e_3 z_k = h_k \end{cases} \tag{8.65}$$

由解线性方程组的克莱姆法则，并记

$$A = \begin{vmatrix} 1 & r_i & z_i \\ 1 & r_j & z_j \\ 1 & r_k & z_k \end{vmatrix} \qquad A_1 = \begin{vmatrix} h_i & r_i & z_i \\ h_j & r_j & z_j \\ h_k & r_k & z_k \end{vmatrix}$$

$$A_2 = \begin{vmatrix} 1 & h_i & z_i \\ 1 & h_j & z_j \\ 1 & h_k & z_k \end{vmatrix} \qquad A_3 = \begin{vmatrix} 1 & r_i & h_i \\ 1 & r_j & h_j \\ 1 & r_k & h_k \end{vmatrix}$$

从式（8.65）中解得

$$\beta^e_1 = \frac{A_1}{A}, \quad \beta^e_2 = \frac{A_2}{A}, \quad \beta^e_3 = \frac{A_3}{A} \tag{8.66}$$

为了方便，引入下列符号：

$$\left.\begin{array}{lll} a_i = r_j z_k - r_k z_j & a_j = r_k z_i - r_i z_k & a_k = r_i z_j - r_j z_i \\ b_i = z_j - z_k & b_j = z_k - z_i & b_k = z_i - z_j \\ c_i = r_k - r_j & c_j = r_i - r_k & c_k = r_j - r_i \end{array}\right\} \tag{8.67}$$

并以 Δ^e 表示三角单元 e 的面积，则 $\Delta^e = \frac{1}{2}(b_i c_j - c_i b_j)$，而 $A = b_i c_j - c_i b_j$，故可得

$$A = 2\Delta^e$$

再将行列式 A_1、A_2、A_3 分别按第一列、第二列、第三列进行展开，即

$$A_1 = h_i(r_j z_k - r_k z_j) + h_j(r_k z_i - r_i z_k) + h_k(r_i z_j - r_j z_i)$$
$$A_2 = h_i(z_j - z_k) + h_j(z_k - z_i) + h_k(z_i - z_j)$$
$$A_3 = h_i(r_k - r_j) + h_j(r_i - r_k) + h_k(r_j - r_i)$$

利用式（8.67）中的记号，将上述各式代入式（8.66）得

$$\left.\begin{array}{l} \beta^e_1 = \dfrac{1}{2\Delta^e}(a_i h_i + a_j h_j + a_k h_k) \\[2mm] \beta^e_2 = \dfrac{1}{2\Delta^e}(b_i h_i + b_j h_j + b_k h_k) \\[2mm] \beta^e_3 = \dfrac{1}{2\Delta^e}(c_i h_i + c_j h_j + c_k h_k) \end{array}\right\} \tag{8.68}$$

将式（8.68）代入式（8.64），则得单元 e 上的负压水头函数的近似表达式为

$$h^e(r, z, t) = \frac{1}{2\Delta^e}\left[(a_i h_i + a_j h_j + a_k h_k) + (b_i h_i + b_j h_j + \right.$$
$$\left. b_k h_k)x + (c_i h_i + c_j h_j + c_k h_k)z\right]$$
$$= \frac{1}{2\Delta^e}\left[(a_i + b_i x + c_i z)h_i + (a_j + b_j x + c_j z)h_j + \right.$$
$$\left. (a_k + b_k x + c_k z)h_k\right]$$

$$(8.69)$$

令

$$N_i^e(r, z) = \frac{1}{2\Delta^e}(a_i + b_i r + c_i z)$$

$$N_j^e(r, z) = \frac{1}{2\Delta^e}(a_j + b_j r + c_j z)$$

$$N_k^e(r, z) = \frac{1}{2\Delta^e}(a_k + b_k r + c_k z)$$

于是得

$$h^e(r, z, t) = h_i(t)N_i^e(r, z) + h_j(t)N_j^e(r, z) + h_k(t)N_k^e(r, z)$$

$$(8.70)$$

即

$$h^e = [N]\{h\}^e = \sum_{i=1}^{3} N_i(r, z)h_i(t) \qquad (8.71)$$

式中：$i = 1$、2、3 分别对应 i、j、k。

8.3.3　三角单元迦辽金有限元方程

根据图 8.2 所示，将区域划分为有限个单元，共 n 个节点，单元内的未知变量均可用式（8.70）表示，将其代入到式（8.63）中得

$$\sum_e \iint_{D^e}\left[\frac{\partial[N]^T}{\partial r}K(h)\frac{\partial[N]}{\partial r} + \frac{\partial[N]^T}{\partial z}K(h)\frac{\partial[N]}{\partial z}\right]\{h\}^e r\,dr\,dz +$$

$$\sum_e \iint_{D^e}\frac{\partial[N]^T}{\partial z}K(h)r\,dr\,dz + \sum_e \iint_{D^e}[N]^T[N]\{S\}^e r\,dr\,dz +$$

$$\sum_e \iint_{D^e}[N]^T[N]\frac{\partial\{\theta\}^e}{\partial t}r\,dr\,dz + \sum_e \int_{\Gamma^e}qr[N]^T d\Gamma = 0$$

$$(8.72)$$

式中：$\sum\limits_e$ 为对单元求和；D^e 为单元区域；q 为单元边界上的流量。

式（8.72）可简写为

$$[F] \frac{\mathrm{d}\{\theta\}}{\mathrm{d}t} + [A]\{h\} = \{Q\} - \{B\} - \{D\} \tag{8.73}$$

其中

$$\{h\} = [h_1, h_2, \cdots, h_n]^{\mathrm{T}} \tag{8.74}$$

$$[A] = \sum_e \iint_{D^e} \left[\frac{\partial [N]^{\mathrm{T}}}{\partial r} K(h) \frac{\partial [N]}{\partial r} + \frac{\partial [N]^{\mathrm{T}}}{\partial z} K(h) \frac{\partial [N]}{\partial z} \right] r \mathrm{d}r \mathrm{d}z \tag{8.75}$$

$$[F] = \sum_e \iint_{D^e} [N]^{\mathrm{T}} [N] r \mathrm{d}r \mathrm{d}z \tag{8.76}$$

$$\{Q\} = -\sum_e \int_{\Gamma^e} qr [N]^{\mathrm{T}} \mathrm{d}\Gamma \tag{8.77}$$

$$\{B\} = \sum_e \iint_{D^e} \frac{\partial [N]^{\mathrm{T}}}{\partial z} K(h) r \mathrm{d}r \mathrm{d}z \tag{8.78}$$

$$\{D\} = \sum_e \iint_{D^e} [N]^{\mathrm{T}} [N] \{S\} r \mathrm{d}r \mathrm{d}z \tag{8.79}$$

对式（8.73）中的时间项采用隐式向后差分得

$$[F] \frac{\{\theta\}_{j_0+1} - \{\theta\}_{j_0}}{\Delta t_{j_0}} + [A]_{j_0+1} \{h\}_{j_0+1} = \{Q\}_{j_0} - \{B\}_{j_0+1} - \{D\}_{j_0} \tag{8.80}$$

式中：j_0+1 为当前的时间层；j_0 为前一时间层；Δt_{j_0} 为两个时间层的时间间隔，即 $\Delta t_{j_0} = t_{j_0+1} - t_{j_0}$，min。

式（8.80）即为最终要求解的方程，需要注意的是，式（8.80）中的矩阵 $\{\theta\}$、$[A]$ 和 $\{B\}$ 是水头值 h 的函数，因此该方程组是高度非线性的，在每个 Δt_{j_0} 时段必须通过迭代法求解。为了减小迭代计算过程中的水量平衡误差，模型中采用"质量守恒"的方法（Celia 等，1990）对含水率项进行处理，迭代过程中将式（8.80）中的第一项分解成两部分：

$$[F] \frac{\{\theta\}_{j_0+1} - \{\theta\}_{j_0}}{\Delta t_{j_0}} = [F] \frac{\{\theta\}_{j_0+1}^{k_0+1} - \{\theta\}_{j_0+1}^{k_0}}{\Delta t_{j_0}} + [F] \frac{\{\theta\}_{j_0+1}^{k_0} - \{\theta\}_{j_0}}{\Delta t_{j_0}} \tag{8.81}$$

再将式（8.81）的第一项转化为用负压水头表示：

$$[F] \frac{\{\theta\}_{j_0+1} - \{\theta\}_{j_0}}{\Delta t_{j_0}} = [F][C]_{j_0+1} \frac{\{h\}_{j_0+1}^{k_0+1} - \{h\}_{j_0+1}^{k_0}}{\Delta t_{j_0}} + [F] \frac{\{\theta\}_{j_0+1}^{k_0} - \{\theta\}_{j_0}}{\Delta t_{j_0}} \tag{8.82}$$

式中：k_0+1、k_0 分别为当前迭代和上一次迭代。

矩阵 $[C]$ 中的元素 C_i 是 i 节点处的土壤容水度。注意到当迭代过程结束时（即迭代满足精度要求时），式（8.82）中右端第一项应该基本上等于零。这种特性可以有效减小求解过程中的水量平衡误差。将式（8.82）代入式（8.80）整理得

$$\left(\frac{[F][C]_{j_0+1}^{k_0}}{\Delta t_{j_0}} + [A]_{j_0+1}^{k_0}\right)\{h\}_{j_0+1}^{k_0+1} = \frac{[F][C]_{j_0+1}^{k_0}}{\Delta t_{j_0}}\{h\}_{j_0+1}^{k_0} -$$

$$[F]\frac{\{\theta\}_{j_0+1}^{k_0} - \{\theta\}_{j_0}}{\Delta t_{j_0}} + \{Q\}_{j_0} - \{B\}_{j_0+1}^{k_0} - \{D\}_{j_0}$$

$$(8.83)$$

将式（8.69）、式（8.70）和式（8.71）同时代入式（8.75）～式（8.78）可得式（8.83）中各项具体表达式，即

$$[A] = \sum_e \frac{\overline{K}(h)}{4\Delta}[bc] \qquad (8.84)$$

其中

$$[bc] = \begin{vmatrix} b_i^2 + c_i^2 & b_ib_j + c_ic_j & b_ib_k + c_ic_k \\ b_jb_i + c_jc_i & b_j^2 + c_j^2 & b_jb_k + c_jc_k \\ b_kb_i + c_kc_i & b_kb_j + c_kc_j & b_k^2 + c_k^2 \end{vmatrix} \qquad (8.85)$$

$$\overline{K} = \frac{1}{12}[K_i(2r_i + r_j + r_k) + K_j(r_i + 2r_j + r_k) + K_k(r_i + r_j + 2r_k)] \qquad (8.86)$$

$$[F] = \sum_e \frac{\Delta}{12}\begin{bmatrix} 2r_i + r_j + r_k & 0 & 0 \\ 0 & r_i + 2r_j + r_k & 0 \\ 0 & 0 & r_i + r_j + 2r_k \end{bmatrix} \qquad (8.87)$$

$$\{B\} = \sum_e \frac{1}{2}\overline{K}(h)\begin{bmatrix} c_i \\ c_j \\ c_k \end{bmatrix} \qquad (8.88)$$

$$\{Q\} = -\sum_e qL\begin{bmatrix} 0 \\ \frac{1}{3}r_j + \frac{1}{6}r_k \\ \frac{1}{6}r_j + \frac{1}{3}r_k \end{bmatrix} \qquad (8.89)$$

$$\{D\} = \sum_e \frac{\Delta}{60}\begin{bmatrix} 2S_i(3r_i + r_j + r_k) + S_j(2r_i + 2r_j + r_k) + S_k(2r_i + r_j + 2r_k) \\ S_i(2r_i + 2r_j + r_k) + 2S_j(r_i + 3r_j + r_k) + S_k(r_i + 2r_j + 2r_k) \\ S_i(2r_i + r_j + 2r_k) + S_j(r_i + 2r_j + 2r_k) + 2S_k(r_i + r_j + 3r_k) \end{bmatrix} \qquad (8.90)$$

8.3.4　地表积水区域求解

滴灌地表是否有积水取决于土壤的入渗能力和滴头流量。当滴头流量小于土壤入渗能力时，地表没有积水，反之地表有积水。当地表有积水时，其积水范围是随着时间增长逐渐扩大。由于地表积水深度一般较小（1～2mm），所以在本书中忽略地表积水深度，此时地表积水范围的动态求解过程如下：

第一步，将滴头下方第 1 个节点采用式（8.48）通量边界处理，其中通量为滴头流量 Q，然后进行土壤水分运动求解。

第二步，当 t 时刻计算监测到节点 1 的压力水头 $h \geqslant 0$ 时，则节点 1 由通量边界转变为已知压力水头边界，即式（8.49），并反解式（8.83）计算节点 1 的实际通量 Q_{1a}。

第三步，在 $t+1$ 时刻，节点 1 为式（8.49）压力水头边界，节点 2 为式（8.48）通量边界，根据水量平衡原理，节点 2 的通量为 $Q-Q_{1a}$。

第四步，继续计算，当计算监测到节点 2 的压力水头 $h \geqslant 0$ 时，则节点 1、节点 2 由通量边界转变为已知压力水头边界，即式（8.49），并反解式（8.83）计算节点 1、节点 2 的实际通量 Q_{1a}、Q_{2a}。

第五步，在下一时刻，节点 1、节点 2 为式（8.49）压力水头边界，节点 3 为式（8.48）通量边界，根据水量平衡原理，节点 3 的通量为 $Q-(Q_{1a}+Q_{2a})$。

依次按上述步骤进行，直到灌水结束，即可求出整个积水过程。

8.4　土壤盐分运移方程离散

8.4.1　土壤盐分运移方程的伽辽金方程

为了方程求解方便，对式（8.45）进行如下变形：

$$r\theta \frac{\partial C}{\partial t} = \frac{\partial}{\partial r}\left(r\theta D_{rr}\frac{\partial C}{\partial r}\right) + r\frac{\partial}{\partial z}\left(\theta D_{zz}\frac{\partial C}{\partial z}\right) - r\left(q_r\frac{\partial C}{\partial r} + q_z\frac{\partial C}{\partial z}\right) \quad (8.91)$$

用迦辽金法求解土壤盐分运移问题，就是寻求下列形式的试探函数作为式（8.45）的近似解，并使其满足给定的边界条件。

$$\overline{C}(r,z,t) = \sum_{i=1}^{n} N_i(r,z)C_i(t) \quad (8.92)$$

式中：$N_i(r,z)(i=1,2,\cdots,n)$ 为 n 个线性无关的函数组中的第 i 个基函数，n 个基函数称为基函数组；$C_i(t)$ 为 t 时刻节点 i 处的盐分浓度，$\mathrm{mg/cm^3}$。

由于 $\overline{C}(r,z,t)$ 是微分方程的近似解，因此，一般来说，将式（8.92）代入式（8.91）时有

$$R(r,\ z)=\frac{\partial}{\partial r}\left(r\theta D_{rr}\ \frac{\partial C}{\partial r}\right)+r\ \frac{\partial}{\partial z}\left(\theta D_{zz}\ \frac{\partial C}{\partial z}\right)-r\left(q_r\ \frac{\partial C}{\partial r}+q_z\ \frac{\partial C}{\partial z}\right)-r\theta\ \frac{\partial C}{\partial t}\neq 0$$

$$(8.93)$$

称 $R(r,\ z)$ 为误差函数或剩余。

人们希望在某种意义上使此误差等于零，即 $R(r,\ z)$ 在计算区域 D 上的加权积分等于零。迦辽金法是一种特殊的加权剩余法，它是将基函数组作为权函数组，即

$$\iint_D R(r,\ z)N_i(r,\ z)\mathrm{d}r\mathrm{d}z=0\qquad(i=1,\ 2,\ \cdots,\ n)\qquad(8.94)$$

在式 （8.94） 中如果先确定了基函数组合作为权函数组 $N_i(r,\ z)$，那么式 （8.94） 中所示的方程组中，只含有 n 个待求的 C_i 值，由此便可解出 C_i。这种方法便称为迦辽金加权剩余法。

将式 （8.93） 代入到式 （8.94） 中得

$$\iint_D\left[\frac{\partial}{\partial r}\left(r\theta D_{rr}\ \frac{\partial C}{\partial r}\right)+r\ \frac{\partial}{\partial z}\left(\theta D_{zz}\ \frac{\partial C}{\partial z}\right)-\right.$$

$$\left.r\left(q_r\ \frac{\partial C}{\partial r}+q_z\ \frac{\partial C}{\partial z}\right)-r\theta\ \frac{\partial C}{\partial t}\right]N_i(r,\ z)\mathrm{d}r\mathrm{d}z=0\qquad(i=1,\ 2,\ \cdots,\ n)$$

$$(8.95)$$

将式 （8.55） 进行分部积分，得

$$\iint_D\left[\frac{\partial N_i}{\partial r}\left(r\theta D_{rr}\ \frac{\partial C}{\partial r}\right)+\frac{\partial N_i}{\partial z}\left(r\theta D_{zz}\ \frac{\partial C}{\partial z}\right)\right]\mathrm{d}r\mathrm{d}z-\iint_D\left(q_r\ \frac{\partial N_i}{\partial r}+q_z\ \frac{\partial N_i}{\partial z}\right)Cr\mathrm{d}r\mathrm{d}z$$

$$+\iint_D r\theta\ \frac{\partial C}{\partial t}N_i(r,\ z)\mathrm{d}r\mathrm{d}z-\int_\Gamma\left[\left(\theta D_{rr}\ \frac{\partial C}{\partial r}-q_r C\right)n_r+\left(\theta D_{zz}\ \frac{\partial C}{\partial z}-q_z C\right)n_z\right]rN_i\mathrm{d}\Gamma$$

$$(i=1,\ 2,\ \cdots,\ n)$$

$$(8.96)$$

式中：Γ 为计算区域 D 的边界；$\vec{n}=(n_r,\ n_z)$ 为边界 Γ 的单位外法线向量。

式 （8.96） 左端第二项积分为边界处以 N_i 加权的垂直于边界的流量，若边界流量为零或 N_i 为零，则此项积分为零。式 （8.96） 就是土壤溶质运移方程的迦辽金方程。

8.4.2　三角单元基函数构造

在三角单元上采用线性函数进行单元基函数构造，则单元上盐分浓度可表示为

$$C^e=[N]\{C\}^e=\sum_{i=1}^3 N_i(r,\ z)C_i(t)\qquad(8.97)$$

8.4.3　三角单元伽辽金有限元方程

计算区域单元内的未知变量均可用式（8.97）表示，将其代入到式（8.96）中得

$$\sum_e \iint_{D^e} \left(\frac{\partial [N]^{\mathrm{T}}}{\partial r} \theta D_{rr} \frac{\partial [N]}{\partial r} + \frac{\partial [N]^{\mathrm{T}}}{\partial z} \theta D_{zz} \frac{\partial [N]}{\partial z} \right) \{C\}^e r \mathrm{d}r \mathrm{d}z -$$

$$\sum_e \iint_{D^e} \left(\frac{\partial [N]^{\mathrm{T}}}{\partial r} q_r + \frac{\partial [N]^{\mathrm{T}}}{\partial z} q_z \right) [N] \{C\}^e r \mathrm{d}r \mathrm{d}z +$$

$$\sum_e \iint_{D^e} [N]^{\mathrm{T}} [N] \frac{\partial \{C\}^e}{\partial t} \theta r \mathrm{d}r \mathrm{d}z - \sum_e \int_{\Gamma^e} q_c r [N]^{\mathrm{T}} \mathrm{d}\Gamma = 0$$

$$(8.98)$$

式中：$\sum\limits_e$ 为对单元求和；D^e 为单元区域；q_c 为单元边界上的盐分通量。

式（8.89）可简写为

$$[G] \frac{\mathrm{d}\{C\}}{\mathrm{d}t} + [H]\{C\} = \{Q_c\} \tag{8.99}$$

其中
$$\{C\} = [C_1, \ C_2, \ \cdots, \ C_n]^{\mathrm{T}} \tag{8.100}$$

$$[H] = \sum_e \iint_{D^e} \left(\frac{\partial [N]^{\mathrm{T}}}{\partial r} \theta D_{rr} \frac{\partial [N]}{\partial r} + \frac{\partial [N]^{\mathrm{T}}}{\partial z} \theta D_{zz} \frac{\partial [N]}{\partial z} \right) r \mathrm{d}r \mathrm{d}z -$$

$$\sum_e \iint_{D^e} \left(\frac{\partial [N]^{\mathrm{T}}}{\partial r} q_r + \frac{\partial [N]^{\mathrm{T}}}{\partial z} q_z \right) [N] r \mathrm{d}r \mathrm{d}z$$

$$(8.101)$$

$$[G] = \sum_e \iint_{D^e} [N]^{\mathrm{T}} [N] \theta r \mathrm{d}r \mathrm{d}z \tag{8.102}$$

$$\{Q_c\} = -\sum_e \int_{\Gamma^e} q_c r [N]^{\mathrm{T}} \mathrm{d}\Gamma \tag{8.103}$$

将各式进一步整理得

$$[H] = \sum_e \frac{1}{4\Delta} (\overline{\theta D_{rr}} [bb] + \overline{\theta D_{zz}} [cc]) - \sum_e \frac{1}{120} ([bq] + [cq]) \tag{8.104}$$

其中

$$\overline{\theta D_{rr}} = \frac{1}{12} [\theta D_{rri} (2r_i + r_j + r_k) + \theta D_{rrj} (r_i + 2r_j + r_k) + \theta D_{rrk} (r_i + r_j + 2r_k)]$$

$$\overline{\theta D_{zz}} = \frac{1}{12} [\theta D_{zzi} (2r_i + r_j + r_k) + \theta D_{zzj} (r_i + 2r_j + r_k) + \theta D_{zzk} (r_i + r_j + 2r_k)]$$

$$[bb] = \begin{bmatrix} b_i^2 & b_ib_j & b_ib_k \\ b_jb_i & b_j^2 & b_jb_k \\ b_kb_i & b_kb_j & b_k^2 \end{bmatrix}$$

$$[cc] = \begin{bmatrix} c_i^2 & c_ic_j & c_ic_k \\ c_jc_i & c_j^2 & c_jc_k \\ c_kc_i & c_kc_j & c_k^2 \end{bmatrix}$$

$$[bq] = \begin{bmatrix} 2q_{ri}(3r_i + r_j + r_k) + q_{rj}(2r_i + 2r_j + r_k) + q_{rk}(2r_i + r_j + 2r_k) \\ q_{ri}(2r_i + 2r_j + r_k) + 2q_{rj}(r_i + 3r_j + r_k) + q_{rk}(r_i + 2r_j + 2r_k) \\ q_{ri}(2r_i + r_j + 2r_k) + q_{ri}(r_i + 2r_j + 2r_k) + 2q_{rk}(r_i + r_j + 3r_k) \end{bmatrix} \times$$

$$\begin{bmatrix} b_i & b_j & b_k \end{bmatrix}$$

$$[cq] = \begin{bmatrix} 2q_{zi}(3r_i + r_j + r_k) + q_{zj}(2r_i + 2r_j + r_k) + q_{zk}(2r_i + r_j + 2r_k) \\ q_{zi}(2r_i + 2r_j + r_k) + 2q_{zj}(r_i + 3r_j + r_k) + q_{zk}(r_i + 2r_j + 2r_k) \\ q_{zi}(2r_i + r_j + 2r_k) + q_{zi}(r_i + 2r_j + 2r_k) + 2q_{zk}(r_i + r_j + 3r_k) \end{bmatrix} \times$$

$$\begin{bmatrix} c_i & c_j & c_k \end{bmatrix}$$

$$[G] = \sum_e \frac{\Delta}{60} \begin{bmatrix} G_{ii} & & \\ & G_{jj} & \\ & & G_{kk} \end{bmatrix} \tag{8.105}$$

其中

$$G_{ii} = (6r_i + 2r_j + 2r_k)\theta_i + (2r_i + 2r_j + r_k)\theta_j + (2r_i + r_j + 2r_k)\theta_k$$

$$G_{jj} = (2r_i + 2r_j + r_k)\theta_i + (2r_i + 6r_j + 2r_k)\theta_j + (r_i + 2r_j + 2r_k)\theta_k$$

$$G_{kk} = (2r_i + r_j + 2r_k)\theta_i + (r_i + 2r_j + 2r_k)\theta_j + (2r_i + 2r_j + 6r_k)\theta_k$$

$$\{Q_C\} = -\sum_e q_c L \begin{bmatrix} 0 \\ \dfrac{1}{3}r_j + \dfrac{1}{6}r_k \\ \dfrac{1}{6}r_j + \dfrac{1}{3}r_k \end{bmatrix} \tag{8.106}$$

对式 (8.99) 中的时间项采用隐式向后差分得

$$[G]_{j_0+1} \frac{\{C\}_{j_0+1} - \{C\}_{j_0}}{\Delta t_{j_0}} + [H]_{j_0+1}\{C\}_{j_0+1} = \{Q_C\}_{j_0} \tag{8.107}$$

整理得

$$\left(\frac{[G]_{j_0+1}}{\Delta t_{j_0}} + [H]_{j_0+1} \right) \{C\}_{j_0+1} = \frac{[G]_{j_0+1}\{C\}_{j_0}}{\Delta t_{j_0}} + \{Q_C\}_{j_0} \tag{8.108}$$

求解式 (8.108) 便可得出土壤盐分分布。

8.5 模型参数求解

8.5.1 模型参数

（1）土壤水分运动参数。土壤水分运动参数采用由美国学者 Van Genuchten 于 1980 年提出的 VG 模型：

$$\theta(h) = \begin{cases} \theta_r + \dfrac{\theta_s - \theta_r}{[1 + |\alpha h|^n]^m} & h < 0 \\ \theta_s & h \geqslant 0 \end{cases} \tag{8.109}$$

$$K(h) = \begin{cases} K_s S_e^{1/2}[1 - S_e^{1/m}]^2 & h < 0 \\ K_s & h \geqslant 0 \end{cases} \tag{8.110}$$

其中
$$S_e = (\theta - \theta_r)/(\theta_s - \theta_r)$$

式中：S_e 为饱和度；θ_r 为土壤残余含水率，cm^3/cm^3；θ_s 为饱和含水率，cm^3/cm^3；K_s 为土壤饱和导水率，cm/min；α、n、m 为经验参数，为了减少未知变量的个数，常采用简化关系 $m = 1 - 1/n$，$n > 1$。

土壤水分运动参数根据机械组成采用 RECT 软件（Van Genuchten M.T，1992）预测求得，土壤水分运动参数见表 8.1。

表 8.1　　　　　　　　　　土 壤 水 分 运 动 参 数

土层	容重 /(g/cm³)	θ_r /(cm³/cm³)	θ_s /(cm³/cm³)	α	n_0	K_s /(cm/d)
0～20cm	1.42	0.0898	0.4496	0.0135	1.3764	9.32
20～40cm	1.37	0.0833	0.4464	0.0115	1.4493	11.57
40～80cm	1.52	0.0883	0.4267	0.0142	1.3286	5.47
80～110cm	1.47	0.0825	0.4246	0.0098	1.4606	6.39

（2）土壤盐分运移参数：

$$\left. \begin{aligned} \theta D_{rr} &= D_L \frac{q_r^2}{|q|} + D_T \frac{q_z^2}{|q|} + \theta D_d \tau \\ \theta D_{zz} &= D_L \frac{q_z^2}{|q|} + D_T \frac{q_r^2}{|q|} + \theta D_d \tau \end{aligned} \right\} \tag{8.111}$$

式中：D_L 为纵向弥散度，cm；D_T 为横向弥散度，cm；D_d 为盐分在静水中的扩散系数，cm^2/h；τ 为土壤孔隙的曲率因子。

τ 可以表达为土壤含水率的函数：

$$\tau = \frac{\theta^{\frac{7}{3}}}{\theta_s} \tag{8.112}$$

（3）根系吸水模型与参数。根系吸水项可采用 Fedde（1978）提出的根系吸水模型：

$$S(r, z, t) = \frac{\alpha(h, h_\phi) \pi R^2 \beta(r, z)}{2\pi \iint\limits_{\Omega} \alpha(h, h_\phi) \beta(r, z) r \mathrm{d}r \mathrm{d}z} T_r(t) \qquad (8.113)$$

式中：$\alpha(h, h_\phi)$ 为水盐分胁迫系数；$\beta(r, z)$ 为无量纲根系分布形状函数；$T_r(t)$ 为植株蒸腾量，cm/h。

$\alpha(h, h_\phi)$ 可描述为（Van Genuchten，1987）

$$\alpha(h, h_\phi) = \frac{1}{1 + \left(\dfrac{h + h_\phi}{h_{50}}\right)^p} \qquad (8.114)$$

式中：h 为土壤水势，cm；h_ϕ 为土壤盐分溶质势，cm；h_{50} 为作物潜在蒸腾量减少 50% 时对应的土壤基质势，cm；p 为经验参数，一般取值为 3。

$\beta(r, z)$ 可描述为（Vrugt J. A. 等，2001）

$$\beta(x, y, z) = \left(1 - \frac{r}{r_m}\right) \left(1 - \frac{z}{z_m}\right) \mathrm{e}^{-\left(\frac{p_r}{r_m}|r^* - r| + \frac{p_z}{z_m}|z^* - z|\right)} \qquad (8.115)$$

式中：r_m、z_m 分别为根系在 r、z 方向的最大伸展深度，cm；p_r、p_z、r^*、z^* 为拟合参数。

8.5.2 基于混合遗传算法求解盐分运移和根系吸水参数

模型中除土壤水分运动参数外，尚有 D_L、D_T、D_d 3 个盐分运移参数和 h_{50}、r_m、z_m、p_r、p_z、r^*、z^* 7 个根系吸水模型参数未知。本书将采用郭向红（2009，2010）提出的混合遗传算法对以上 10 个参数进行反解。

（1）参数优化模型。数值反演求解模型参数就是首先给式（8.111）～式（8.115）中的参数一个初值，然后代入式（8.41）和式（8.42）得到计算土壤含水率和盐分浓度，与试验实测土壤含水率和盐分浓度进行比较，再改进式（8.111）～式（8.115）中的参数取值。重复上述步骤，直到试验值与计算值的误差达到最小，这一过程可描述为

$$\min f = \sum_{j=1}^{N} \sum_{i}^{M} \{[\theta_i^j - \theta(h_i^j, C_i^j, \boldsymbol{X})]^2 + [C_i^j - C(h_i^j, C_i^j, \boldsymbol{X})]^2\}$$

$$(8.116)$$

式中：f 为目标函数；θ_i^j 为实测土壤含水率，cm³/cm³；C_i^j 为实测土壤盐分浓度，mg/cm³；h_i^j 为计算土壤含水率对应的土壤水基质势，cm；$\theta(h_i^j, C_i^j, \boldsymbol{X})$ 为计算土壤含水率，cm³/cm³；$C(h_i^j, C_i^j, \boldsymbol{X})$ 为计算土壤盐分浓度，mg/cm³；$\boldsymbol{X}$ 为待求参数向量（D_L、D_T、D_d、h_{50}、r_m、z_m、p_r、p_z、r^*、z^*）；

i 为试验观测土壤含水率和盐分浓度的测点位置；j 为试验观测的不同时刻；N 为试验观测的次数；M 为试验观测点的总数。

这样便可由某一时段精确测量的土壤含水率和盐分浓度资料求出该时段内的模型参数。

（2）模型求解。目标函数式（8.116）求解属于一个典型的非线性最小优化问题，传统的非线性优化方法大多基于梯度计算，具有较高的计算效率，但由于其固有的局部优化性以及不稳健性等缺点，并不适合于全局优化问题的求解。遗传算法（Genetic Algorithm，GA）（Goldberg，1985）是基于生物进化过程中优胜劣汰规则与群体内部染色体信息交换机制的适用于处理复杂优化问题的一类通用性强的新方法。GA 利用简单的编码技术和算法机制来模拟复杂的优化过程，它只要求优化问题是可计算的，而对目标函数和约束条件的具体形式、优化变量的类型和数目不作限制，在搜索空间中进行自适应全局并行搜索，运行过程简单而计算结果丰富，特别适合于处理常规优化算法难以解决的复杂优化问题。然而遗传算法存在全局搜索能力极强而局部寻优能力较差的缺点，即该算法可以用极快的速度搜索到最优解附近但要进一步达到最优解则速度极慢。针对遗传算法的上述缺陷，本书采用郭向红（2009，2010）提出的混合遗传算法，该算法将金菊良等（2000）提出的一种基于实数编码的加速遗传算法 RAGA 和 Levenberg - Marquardt 算法结合构造一种新的混合遗传算法，其基本思路为将 Levenberg - Marquardt 算法作为遗传算法的一个操作算子，通过 Levenberg - Marquardt 算法较强的局部优化能力来提高遗传算法的收敛速度，进而达到同时具有遗传算法的全局优化性能和 Levenberg - Marquardt 算法的高效局部优化能力。主要步骤如下：

1）浮点编码。设有 p 个待辨识参数，群体规模为 N_{pop}，对待辨识参数采用浮点编码方案，即采用如下线性变化将优化变量 $x(j, i)(j = 1, 2, 3, \cdots, p; i = 1, 2, \cdots, N_{pop})$ 归一化到 $[0, 1]$ 区间中的值 $y(j, i)(j = 1, 2, 3, \cdots, p; i = 1, 2, \cdots, N_{pop})$ 来表示：

$$x(j, i) = x_{\min}(j) + y(j, i)[x_{\max}(j) - x_{\min}(j)]$$
$$(j = 1, 2, 3, \cdots, p; i = 1, 2, \cdots, N_{pop})$$

$$(8.117)$$

式中：$x_{\min}(j)$、$x_{\max}(j)$ 分别为参数 $x(j, i)$ 的上、下限；j 为待辨识参数序号数；i 为群体中个体序号。

各参数归一化后的值组合在一起，称为一个染色体，染色体的编码长度等于待辨识参数的个数 p，各归一化后的参数值 $y(j, i)$ 称为基因。

2）产生初始种群。生成 N_{pop} 组 $[0, 1]$ 区间上的均匀随机数，每组有 p 个 $\{u(j, i) | j = 1, 2, \cdots, p; i = 1, 2, \cdots, N_{pop}\}$，把各 $u(j, i)$ 作为初始群

体的父代个体值 $y(j, i)$。把 $y(j, i)$ 代入式（8.117）得优化变量值 $x(j, i)$，再经式（8.116）得到相应的目标函数值 $f(i)(i = 1, 2, \cdots, N_{pop})$。

3）构建适应度函数。目标函数值 $f(i)$ 越小表示该个体的适应度值越高，反之越低。为此，定义父代个体的适应度函数值 $F(i)$ 为

$$F(i) = 1/[f(i) \times f(i) + 0.001] \tag{8.118}$$

其中，分母中 0.001 是根据经验设置的，以避免 $f(i)$ 值为 0 的情况。

4）构建选择算子。进行选择操作产生第 1 代子个体 $\{y_1(j, i) | j = 1, 2, \cdots, p; i = 1, 2, \cdots, N_{pop}\}$。把 $\{F(i)\}$ 从大到小排序，对应的 $\{y(j, i)\}$ 也跟着排序。采用比例选择方式，则父代个体 $y(j, i)$ 的选择概率 $p_s(i)$ 为

$$p_s(i) = \frac{F(i)}{\sum\limits_{i=1}^{N_{pop}} F(i)} \tag{8.119}$$

令 $P(i) = \sum\limits_{k=1}^{i} p_s(k)$，序列 $\{P(i) | i = 1, 2, \cdots, N_{pop}\}$ 把 $[0, 1]$ 区间分成 N_{pop} 个子区间：$[0, P(1)], [P(1), P(2)], \cdots, [P(N_{pop}-1), P(N_{pop})]$，这些子区间与 N_{pop} 个父代个体 $\{y(j, i)\}$ 建立一一对应关系，生成 N_{pop} 个 $[0, 1]$ 区间上的随机数 $\{u_1(k) | k = 1, 2, \cdots, N_{pop}\}$。若 $u_1(k)$ 在 $[P(i-1), P(i)]$ 中，则第 i 个个体 $y(j, i)$ 被选中，即 $y_1(j, k) = y(j, i)$。这样从父代群体 $\{y(j, i)\}$ 中以概率 $p_s(i)$ 选择第 i 个个体，共选择 N_{pop} 个个体。

5）构建交叉算子。进行杂交操作产生第 2 个子代群体 $\{y_2(j, i) | j = 1, 2, \cdots, p; i = 1, 2, \cdots, N_{pop}\}$。根据式（8.119）的选择概率随机选择一对父代个体 $y(j, i_1)$ 和 $y(j, i_2)$ 作为双亲，并进行如下随机线性组合，产生一个子代个体 $y_2(j, i)$：

$$y_2(j, i) = \begin{cases} u_{01}y(j, i_1) + (1 - u_{01})y(j, i_2) & u_{03} < 0.5 \\ u_{02}y(j, i_1) + (1 - u_{02})y(j, i_2) & u_{03} \geqslant 0.5 \end{cases} \tag{8.120}$$

式中：u_{01}、u_{02}、u_{03} 为 $[0, 1]$ 区间的随机数。

通过这样的杂交操作，共产生 N_{pop} 个子代个体。

6）构建变异算子。进行变异操作产生第 3 个子代群体 $\{y_3(j, i) | j = 1, 2, \cdots, p; i = 1, 2, \cdots, N_{pop}\}$。采用 p 个 $[0, 1]$ 区间的随机数以 $p_m(i) = 1 - p_s(i)$ 的概率来代替个体 $y(j, i)$，从而得到子代个体 $y_3(j, i)$：

$$y_3(j, i) = \begin{cases} u_2(j) & u_m < p_m(i) \\ y(j, i) & u_m \geqslant p_m(i) \end{cases} \tag{8.121}$$

式中：$u_2(j)(j = 1, 2, \cdots, p)$、$u_m$ 为 $[0, 1]$ 区间的随机数。

7）构建 Levenberg - Marquardt 算子。进行 Levenberg - Marquardt 算子操作产生第 4 个子代群体 $\{y_4(j, i) | j = 1, 2, \cdots, p; i = 1, 2, \cdots,$

N_{pop}}，由前面的步骤 4)～步骤 6) 得到的 $3N_{pop}$ 个子代个体，按其适应度函数值从大到小排序，取排在最前面的 N_{pop} 个子代个体作为父代群体，并采用式（8.119）计算其选择概率 $p_s(i)$。对父代群体中的每一个个体以概率 $p_s(i)$ 进行 Levenberg-Marquardt 算子操作，即对父代个体 $y(j, i)$ 随机生成 [0, 1] 中的随机数 p_{lm}，若 $p_{lm}(i) > p_s(i)$，则 $y_4(j, i) = y(j, i)$；反之若 $p_{lm}(i) \leqslant p_s(i)$，则进行 Levenberg-Marquardt 算子操作，即以 $y^*(j, i)(j =1, 2, \cdots, p)$ 为参数的初始取值，直接对式（8.116）采用 Levenberg-Marquardt 算法（Marquardt，1963；席少霖等，1983）进行优化计算得到 $y^*(j, i)(j =1, 2, \cdots, p)$，并计算个体 $y^*(j, i)$ 适应度函数值 $F^*(i)$，若 $F^*(i) > F(i)$，则 $y_4(j, i) = y^*(j, i)$，反之 $y_4(j, i) = y(j, i)$。

8) 演化迭代。以 {$y_4(j, i) | j =1, 2, \cdots, p；i =1, 2, \cdots, N_{pop}$} 作为新一代父代群体，算法转入步骤 3) 进入下一轮次的演化过程，重新对父代群体进行评价、选择、杂交和变异，如此演化迭代两次。

9) 加速循环。用两次迭代产生的群体的前 N_{sup} 个优秀个体最大可能的变化区间作为产生初始种群的初始区间，返回步骤 2)，加速循环一次。

10) 若连续若干代达到优化标准，即函数要求的最小值，则计算结束并输出结果；若无法达到最小值，则当遗传计算达到所允许的最大代数 T 时，计算结束并输出结果。

对上述步骤采用 Visual Basic 2015.NET 进行编程，其计算流程如图 8.4 所示。

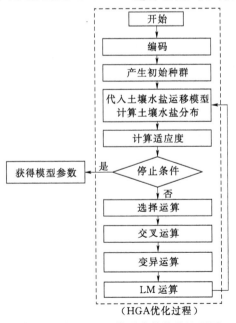

图 8.4　基于 HGA 模型参数优化流程图

（3）参数求解结果。采用 2016 年 4 月 13 日至 5 月 17 日矿化度为 4g/L 的微咸水膜下滴灌西葫芦实测资料对模型参数进行率定。将实测土壤含水率和盐分分布资料代入反演模型，得到的模型参数见表 8.2。

表 8.2　　　　　　　盐分运移和根系吸水模型参数求解结果

参数	幼苗期	抽蔓期	开花结果期
D_L/cm		0.23	
D_T/cm		0.0019	
$D_d/(cm^2/d)$		2.16	
h_{50}/cm	-1689	-1781	-1821
r_m/cm	20.32	28.98	29.8
z_m/cm	30.12	59.42	67.8
p_r	1.56	1.43	1.78
p_z	2.05	1.98	2.34
r^*/cm	5.75	15.32	23.51
z^*/cm	1.32	4.85	5.88

8.6　模型验证

为了验证模型的正确性，采用矿化度为 5g/L 的微咸水膜下滴灌西葫芦实测土壤水盐数据，对微咸水膜下滴灌土壤水盐模型进行验证。

8.6.1　土壤水盐模拟值与实测值对比分析

8.6.1.1　土壤含水率实测值与模拟值对比

选取矿化度为 5g/L 的微咸水膜下滴灌西葫芦 3 次实测土壤水盐剖面分布数据（即 2016 年 4 月 18 日、5 月 24 日和 6 月 2 日的实测数据）对模型进行验证。图 8.5 为微咸水膜下滴灌实测土壤含水率与模拟土壤含水率分布对比图，$r=0cm$、$r=10cm$、$r=20cm$ 表示距滴头的水平距离。由图 8.6 可以看出，4 月 18 日和 6 月 2 日实测土壤含水率和模拟土壤含水率均是表层土壤含水率较小，随着深度增大土壤含水率增大，这是因为 4 月 18 日和 6 月 2 日均为灌后 10d，在西葫芦根系吸水和水分再分布共同作用下导致的。5 月 24 日实测土壤含水率和模拟土壤含水率均是表层土壤含水率最大，随着深度增大土壤含水率降低，这是因为5月24日为灌后1d所致。由此可见，本书建立的微咸水膜下滴灌西葫芦土壤水盐模型计算的土壤含水率和实测土壤含水率之间具有较好的吻合性，能够模拟田间水分运动趋势。

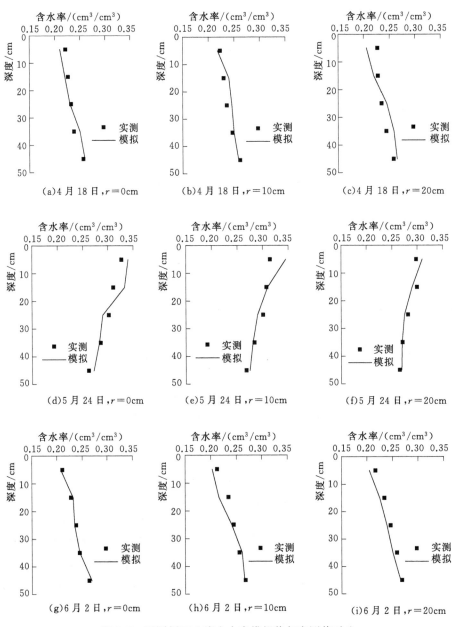

图8.5　不同剖面土壤含水率模拟值与实测值对比

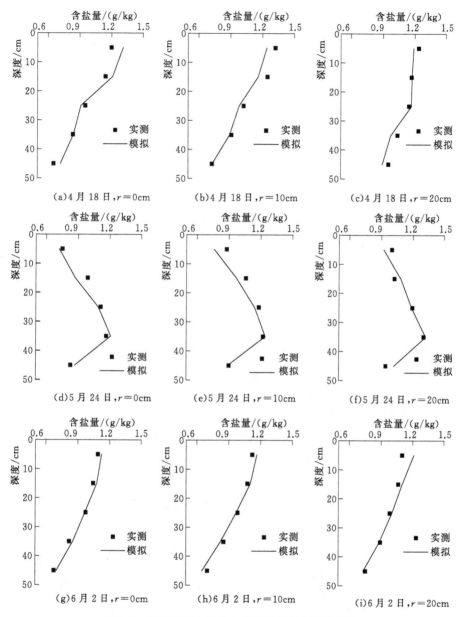

图 8.6　不同剖面土壤含盐量模拟值与实测值对比

8.6.1.2　土壤盐分实测值与模拟值对比

图 8.6 为 2016 年 4 月 18 日、5 月 24 日和 6 月 2 日微咸水膜下滴灌实测土壤含盐量与模拟土壤含盐量分布对比图，$r=0cm$、$r=10cm$、$r=20cm$ 表示距滴头的水平距离。由图 8.7 可以看出，模拟土壤含盐量与实测土壤含盐量吻合较好，4 月 18 日和 6 月 2 日实测土壤含盐量和模拟土壤含盐量均是表层土

壤含盐率最大,随着深度增大土壤含盐量降低,这是因为 4 月 18 日和 6 月 2 日均为灌后 10d,在西葫芦根系吸水和水分再分布共同作用下,水分上移,导致表层积盐。5 月 24 日实测土壤含盐量和模拟土壤含盐量均是表层土壤含盐率最小,随着深度增大土壤含盐量增大,这是因为 5 月 24 日为灌后 1d,盐分在水分的淋洗下聚集在湿润锋附近所致。由此可见,本书建立的微咸水膜下滴灌西葫芦土壤水盐模型具有良好的模拟性能,能够模拟田间土壤盐分运移的趋势。

8.6.2 土壤水盐模拟值与实测值相关性分析

8.6.2.1 土壤含水率实测值与模拟值相关性分析

采用 SPSS20 软件对土壤含水率模拟值与实测值进行相关性分析,土壤含水率模拟值与实测值相关性如图 8.7 所示,回归方程如式 (8.122) 所示,相关系数为 0.951,在 0.01 水平下显著相关,相关性方程斜率为 0.9992,这充分说明了模拟值与实测值之间具有较好的一致性。

$$\theta^R = 0.9992\theta^s \qquad R = 0.951 \tag{8.122}$$

式中:θ^s 为模型计算土壤含水率,cm^3/cm^3;θ^R 为实测土壤含水率,cm^3/cm^3。

8.6.2.2 土壤盐分实测值与模拟值相关性分析

同理,采用 SPSS20 软件对土壤含盐量模拟值与实测值进行相关性分析,土壤含盐量模拟值与实测值相关性如图 8.8 所示,回归方程如式 (8.123) 所示,相关系数为 0.947,在 0.01 水平下显著相关,相关性方程斜率为 0.9986,这充分说明了模拟值与实测值之间具有较好的一致性。

$$C^R = 0.9986C^s \qquad R = 0.947 \tag{8.123}$$

式中:C^s 为模型计算土壤含盐量,g/kg;C^R 为实测土壤含盐量,g/kg。

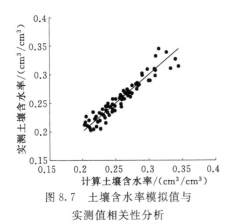

图 8.7 土壤含水率模拟值与
实测值相关性分析

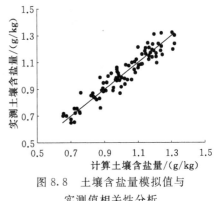

图 8.8 土壤含盐量模拟值与
实测值相关性分析

8.6.3 模型模拟性能评价

为了进一步说明模型的预测性能，采用均方根误差 $RMSE$、平均相对误差 ARE 和最大相对误差 MRE 3 个评价指标对模型进行评价，其计算公式分别为

$$RMSE = \sqrt{\sum_{i=1}^{l} \frac{(V_i^s - V_i^R)^2}{l}} \tag{8.124}$$

$$ARE = \frac{1}{l} \sum_{i=1}^{l} \left| \frac{V_i^s - V_i^R}{V_i^R} \right| \times 100\% \tag{8.125}$$

$$MRE = \max \left\{ \left| \frac{V_i^s - V_i^R}{V_i^R} \right| \times 100\% \right\} \quad (i = 1, 2, \cdots, l) \tag{8.126}$$

式中：V^s 为模型计算土壤含水率或含盐量；V^R 为实测土壤含水率或含盐量；l 为实测点总数。

由表 8.3 可知，本书建立的微咸水膜下滴灌西葫芦土壤水盐模型模拟土壤含水率和含盐量具有较高的精度，可以用于微咸水膜下滴灌西葫芦土壤水盐运移模拟。

表 8.3　　　　　　　　模 型 性 能 评 价 结 果

项目	$RMSE$	ARE	MRE
土壤含水率	0.049	5.17	12.52
土壤含盐量	0.065	7.42	15.41

8.7　小结

（1）在分析滴灌水盐运移特点的基础上，建立了微咸水膜下滴灌西葫芦土壤水盐运移数学模型，该模型考虑了土壤水分和盐分胁迫对根系吸水的影响，采用有限单元法对模型进行了求解，并在求解过程中根据水量平衡数值求解了滴灌地表积水过程。

（2）运用试验资料对微咸水膜下滴灌西葫芦土壤水盐运移数学模型进行了验证，结果表明模型计算土壤含水率和含盐量与试验实测土壤含水率和含盐量之间具有较好的吻合性；土壤水盐模拟值与实测值两者之间的相关系数在 0.94 以上，在 0.01 水平下显著相关；计算土壤含水率的均方根误差 $RMSE$ 为 $0.049\text{cm}^3/\text{cm}^3$，平均相对误差 ARE 为 5.17%，最大相对误差 MRE 为 12.53%，计算土壤含盐量的均方根误差 $RMSE$ 为 0.065g/kg，平均相对误差 ARE 为 7.42%，最大相对误差 MRE 为 15.41%，因此该模型具有较高的模拟精度，可以用于微咸水膜下滴灌西葫芦土壤水盐运移模拟。

第9章 微咸水膜下滴灌西葫芦产量模拟模型

如何根据水、肥、气、光、热等自然条件计算作物的生长过程和产量，是国内外研究者追求的目标。作物生长模型是用数学方程描述作物、土壤、气候之间的作用过程，动态地模拟作物生长发育和产量形成过程的模拟模型。随着计算机技术的进步和作物生理生态机理研究的深入，作物生长模型得到了快速的发展和应用，例如，美国的 CERES 系列模型（Ritchie J. T，1972）和 GOSSYM 系列模型（Keating B. A，2003），荷兰的 SUCROS 系列模型（Keulen H. V，1982）和 MACROS 系列模型（Penning V. F. W. T，1989），澳大利亚的 APSIM 系统（Mccown R. L，1996），中国的 CCSODS 系列模型（高亮之，1992）、小麦生长发育模拟模型 WheatSM（冯利平等，1997）和棉花生长发育模拟模型 COTGROW（潘学标等，1996）。本章将在膜下滴灌土壤水盐运移方程和西葫芦水盐生产函数研究的基础上，建立微咸水膜下滴灌西葫芦产量模拟模型，以期为合理利用微咸水进行膜下滴灌提供支撑。

9.1 模型建立

虽然水、肥、气、热、光、盐都对西葫芦的产量有影响，但在进行微咸水膜下滴灌时，其主要因素是水分和盐分。不同的土壤水分和盐分会有不同的西葫芦产量，所以要建立微咸水膜下滴灌西葫芦产量模拟模型，就需要计算不同微咸水滴灌方案下的土壤水盐动态情况和不同土壤水盐动态情况对西葫芦产量的影响。而微咸水滴灌土壤水盐动态情况可以采用微咸水膜下滴灌土壤水盐运移模型计算，土壤水盐对西葫芦产量的影响可以采用微咸水膜下滴灌西葫芦水盐生产函数计算。因此，将微咸水膜下滴灌土壤水盐运移模型和西葫芦水盐生产函数耦合，得到微咸水膜下滴灌西葫芦产量模拟模型，即

$$\left.\begin{aligned}
\frac{\partial \theta}{\partial t} &= \frac{1}{r}\frac{\partial}{\partial r}\left[rK(h)\frac{\partial h}{\partial r}\right] + \frac{\partial}{\partial z}\left[K(h)\frac{\partial h}{\partial z}\right] + \frac{\partial K(h)}{\partial z} - S \\
\frac{\partial(\theta C)}{\partial t} &= \frac{1}{r}\frac{\partial}{\partial r}\left(r\theta D_{rr}\frac{\partial C}{\partial r}\right) + \frac{\partial}{\partial z}\left(\theta D_{zz}\frac{\partial C}{\partial z}\right) - \left[\frac{1}{r}\frac{\partial(rq_{r}C)}{\partial r} + \frac{\partial(q_{z}C)}{\partial z}\right] \\
\frac{Y_{s}}{Y_{m}} &= \prod_{i=1}^{n}\left(\frac{1}{1+s}\right)_{i}^{\sigma_{i}}\left(\frac{ET}{ET_{m}}\right)_{i}^{\lambda_{i}}
\end{aligned}\right\}$$

$$(9.1)$$

式中：r、z 为平面坐标，规定 z 轴向上为正，cm；h 为负压水头，cm；$K(h)$ 为非饱和土壤的导水率，cm/h；θ 为土壤体积含水率，cm^3/cm^3；t 为时间，h；S 为根系吸水速率，1/h；C 为土壤盐分的浓度，mg/cm^3；q_r、q_z 分别为 r 方向和 z 方向的土壤水分通量，cm/h；D_{rr}、D_{zz} 为水动力弥散系数张量的分量，cm^2/h，由于假定土壤均质各向同性，故 $D_{rr}=D_{zz}$；Y_s 为作物单位面积上的实际产量，t/hm^2；Y_m 为作物无盐分胁迫、充分灌溉条件下的最大产量，t/hm^2；n 为作物生育阶段总数；ET_i 为作物第 i 生育阶段实际的蒸发蒸腾量，mm；$ET_{m,i}$ 为作物第 i 生育阶段无盐分影响、充分供水条件下的蒸发蒸腾量，mm；λ_i 为作物第 i 生育阶段土壤水分胁迫对产量影响的敏感指数；σ_i 为作物第 i 生育阶段土壤盐分胁迫对产量影响的敏感指数；i 为作物生育阶段编号；s_i 为作物根层第 i 生育阶段土壤实际含盐量，g/kg。

9.2　模型求解

式（9.1）中的土壤水分运动方程和土壤盐分运移方程可采用第 8 章的方法求解，式（9.1）中的水盐生产函数可采用第 7 章建立的微咸水膜下滴灌西葫芦水盐生产函数。具体耦合过程如下：

（1）制定微咸水灌水方案，即确定微咸水膜下滴灌西葫芦每个生育期计划控制的含水率水平（灌水上限和下限）和所用灌溉水的矿化度。

（2）收集初始土壤剖面水分和盐分资料以及西葫芦生长期温室大棚的气象资料。

（3）将初始资料代入微咸水膜下滴灌西葫芦土壤水盐运移模型，进行土壤水盐动态模拟，当土壤含水率低于设计的土壤含水率下限时，便进行微咸水滴灌，当土壤水分到达上限时，便停止灌溉，依次进行便可以计算出土壤水盐的动态变化、根系吸水量、灌水次数和灌水量。

（4）将微咸水膜下滴灌西葫芦生育期土壤动态按生育期汇总，即可得到各生育期土壤含盐量。将西葫芦根系吸水量按生育期汇总，即可得到各生育阶段实际的蒸发蒸腾量。

（5）将各生育期土壤含盐量和各生育阶段实际的蒸发蒸腾量代入微咸水膜下滴灌西葫芦水盐生产函数，即可得到该微咸水灌水方案西葫芦的产量。

9.3　模型验证

为了进一步验证构建的微咸水膜下滴灌西葫芦产量模拟模型的可行性和正确性，利用微咸水膜下滴灌水盐耦合对西葫芦生长的影响研究的 9 组试验资料对其进行验证。将不同处理的土壤初始水盐资料和微咸水灌水方案代入微咸水膜下滴灌西葫芦产量模拟模型，即可求出不同处理下西葫芦的产量，模拟结果误差分析见表9.1。

表 9.1 模拟结果误差分析

处理	实测产量/(t/hm²)	计算产量/(t/hm²)	相对误差/%
T1	91.61	97.65	6.59
T2	98.22	102.34	4.19
T3	43.61	38.43	−11.88
T4	49.83	47.45	−4.78
T5	88.67	85.98	−3.03
T6	75.39	80.46	6.73
T7	69.33	72.31	4.30
T8	54.22	51.03	−5.88
T9	74.77	78.65	5.19

从表9.1中可以看出，微咸水膜下滴灌西葫芦产量模拟值与实测值的相对误差在12%以内，误差较小，说明本书所建立的微咸水膜下滴灌西葫芦产量模拟模型对水盐耦合作用下的西葫芦产量具有较好的预测能力，可以用于微咸水膜下滴灌西葫芦产量的模拟计算。

9.4 小结

在进行微咸水膜下滴灌西葫芦产量主要影响因素分析的基础上，建立了微咸水膜下滴灌水盐运移方程和西葫芦水盐生产函数耦合的微咸水膜下滴灌西葫芦产量模拟模型，并采用微咸水膜下滴灌水盐耦合对西葫芦生长的影响研究的9组试验资料对其进行验证，结果表明，微咸水膜下滴灌西葫芦产量模拟值与实测值的相对误差在12%以内，该模型可以用于微咸水膜下滴灌西葫芦产量的模拟计算。

参 考 文 献

［1］ Abbott J S. Micro irrigation-world wide usage ［J］. ICID Bull, 1984, 33 (1): 4 - 6.

［2］ Amnon B, Shabtai C, Yoel D M, et al. Effects of timing and duration of brackish ir-
       rigation water on fruit yield and quality of latesummer melons ［J］. Agricultural Water
       Management, 2005, 74 (2): 123 - 134.

［3］ Bhella H S, W F Kwolek. The effects of trickle irrigation and plastic mulch on zucchini ［J］.
       Hort Sci, 1984, 19 (3): 410 - 411.

［4］ Bhella H S. Muskmelon growth, yield, and nutrition as influenced by planting method and
       trickle irrigation ［J］. J. Am. Soc. Hort. Sci, 1985, 110 (6): 793 - 796.

［5］ Bhella H S. Effect of trickle irrigation and black mulch on growth, yield, and mineral
       composition of watermelon ［J］. Hort Sci, 1988, 23 (1): 123 - 125.

［6］ Bhella H S. Tomato response to trickle irrigation and black polyethylene mulch ［J］. J.
       Am. Soc. Hort. Sci, 1988, 113 (4): 543 - 546.

［7］ Bresler E. Simultaneous transport of solutes and water under transient flow conditions
       ［J］. Water Resources Research, 1973, 9 (4): 975 - 986.

［8］ Bresler E. Two-dimensional transport of solutes during nonsteady infiltration from a trickle
       source ［J］. Soil Science Society of America Journal, 1975, 39 (4): 604 - 613.

［9］ Celia M A, Bouloutas E T, Zarba R L. A general mass - conservative numerical solution
       for the unsaturated flow equation ［J］. Water Resour Res, 1990, 26: 1483 - 1496.

［10］ Chu S T. Green-ampt analysis of wetting patterns for surface emitters ［J］. Journal of
       Irrigation & Drainage Engineering, 1994, 120 (2): 414 - 421.

［11］ Clothier B E. In situ measurement of the effective transport volume for solute moving
       through soil ［J］. Soil Science Society of America Journal, 1992, 56 (3): 733 - 736.

［12］ Esechie H A, Saidi A A, Khanjari S A. Effect of sodium chloride salinity on seedling
       emergence in chickpea ［J］. Agronomy&Crop Science, 2002, 188: 155 - 160.

［13］ Fang Sheng, Chen Xiuling. Using shallow saline groundwater for irrigation and regulating
       for soil salt-water regime ［J］. Irrigation and Drainage Systems, 1997, 11: 1 - 14.

［14］ Feddes R A, P J Kowalik, H Zaradny. Simulation of Field Water Use and Crop Yield
       ［M］. John Wiley & Sons, New York, NY, 1978.

［15］ Feigen A, Ravina I, Shalhevet J. Effect of Irrigation with Treated Sewage Effluent on
       Soil, Plant and Environment ［M］. Berlin: Springer - Verlag, 1991: 34 - 116.

［16］ Feng Shaoyuan, Wang Fengxin, Hou Xiaoyan, et al. Potato growth with and without plastic
       mulch in two typical regions of Northern China ［J］. Field Crop Research, 2009, 110 (2):
       123 - 129.

［17］ G Abdel Gawad, A Arslan, A Gaihbe, et al. The effects of saline irrigation water
       management and salt tolerant tomato varieties on sustainable production of tomato in

Syria (1999 – 2002) [J]. Agricultural Water Management, 2005, 78: 39 – 53.

[18] Garder W R, Maybaugh M S, Goertzen J O, et al. Effect of electrolyte concentration and exchangeable sodium percentage on diffusivity of water in soils [J]. Soil Soc, 1959, 88: 270 – 274.

[19] Giuseppina, Grescimanno, Massinao Lovino. Influence of salinity and sodcity on soil structural and hydraulic characterisitics [J]. Soil Sci. Soc. Am, 1995, 59: 1701 – 1708.

[20] Goldberg D, Gornat B, Rimon D. Drip Irrigation – Principles, Design and Agricultural Practice [M]. Drip irrigation Scientific Publications, 1976.

[21] Jensen M E. Water consumption by agricultural plants [J]. Plant Water Consumption & Response, 1968.

[22] Karin. The effect of NaCl on growth, dry mater allocation and ion uptake in salt marsh and inland population of America maritima [J]. New Phytologist, 1997, 135 (2): 213 – 225.

[23] Keating B A, Carberry P S, Hammer G L, et al. An overview of APSIM, a model designed for farming systems simulation [J]. European Journal of Agronomy, 2003, 18 (3): 267 – 288.

[24] Kelleners T J, Chaudhry M R. Drainage water salinity of tube wells and pipe drains: a case study from Pakistan [J]. Agricultural Water Management, 1998, 37 (1): 41 – 53.

[25] Keulen H V, Penning d V F W T, Drees E M. A summary model for crop growth [J]. Simulation of Plant Growth & Crop Production, 1982.

[26] Kirkham M B. Water Use In Crop Production [M]. Food Products Press, 1999: 21 – 23.

[27] Maggio A, Pascale S, Angelino G, et al. Physiological response of tomato to saline irrigation in long-term salinized soils [J]. Europ. J. Agronomy, 2004, 21: 149 – 159.

[28] Marquardt D W. An algorithm for least – squares estimation of nonlinear parameters [J]. SIAM J. Appl. Math, 1963, 11 (2): 431 – 441.

[29] Mccown R L, Hammer G L, Hargreaves J N G, et al. APSIM: a novel software system for model development, model testing and simulation in agricultural systems research [J]. Agricultural Systems, 1996, 50 (3): 255 – 271.

[30] Murtaza G, Ghafoor A, Qadir M. Irrigation and soil management strategies for using saline – sodic water in a cotton-wheat rotation [J]. Agricultural Water Management, 2006 (81): 98 – 114.

[31] Nakayama F S, D A Bucks. Trickle Irrigation For Crop Production [J]. Elsevier Science Publishers B. V, 1986.

[32] Nassar I N, Horton R. Salinity and compaction effects on soil water evaporation and water and solute distributions [J]. SoilScience Society of America Journal, 1999, 63 (4): 752 – 758.

[33] Oron G, Demalach Y, Gillerman L, et al. Improved saline – water use under subsurface drip irrigation [J]. Agricultural Water Management, 1999, 39 (1): 19 – 33.

[34] Oster J D. Irrigation with poor quality water [J]. Agricultural water Manage, 1994, 25: 271 – 275.

[35] P S Minhas, S K Dubey, D R Sharma. Comparative affects of blending, intera/inter

seasonal cyclic uses of alkali and good quality waters on soil properties and yields of paddy and wheat [J]. Agricultural water management, 2007 (87): 83 – 90.

[36] Pal B, Singh C, Singh H. Barley yield under saline water cultivation [J]. Plant and Soil, 1984, 81 (2): 221 – 228.

[37] Pang Huancheng, Li Yuyi, Yang Jinsong, et al. Effect of brackish water irrigation and straw mulching on soil salinity and cropyields under monsoonal climatic conditions [J]. Agricultural Water Management, 2010, 97 (12): 1971 – 1977.

[38] Paranychianakis N V, Chartzoulakis K S. Irrigation of Mediterranean crops with saline water: from physiology to management practices [J]. Agriculture, Ecosystems and Environment, 2005, 106: 171 – 187.

[39] Pasternak. Irrigation with Brackish water under desert conditions XI. Salt tolerance in sweet-corn cultivars [J]. Agricultural Water Management, 1995, 28: 325 – 334.

[40] Penning V F W T, Jansen D M, Berge H F M T, et al. Simulation of ecophysiological processes of growth in several annual crops [M]. Pudoc, 1989: 244 – 258.

[41] Qadir M, Ghafoor A, Murtaza G. Amelioration strategies for saline soils: a review [J]. Land Degradation and Development, 2000, 11 (6): 501 – 521.

[42] Rhoades J D. The use of saline water for crop production [R]. Irrigation and drainage paper 48, Rome FAO, 1992.

[43] Ritchie J T. Model for predicting evaporation from a row crop with incomplete cover [J]. Water Resources Research, 1972, 8 (5): 1204 – 1213.

[44] Rotem M, Shvo Y, Goldberg I, et al. New bridged ruthenium carboxylato complexes. Structure and catalytic activity [J]. Organometallics, 2002, 3 (11): 1 – 5.

[45] Shalhevet J, Vinten A, Meiri A. Irrigation interval as a factor in sweet corn pesponse to salinity [J]. Agronomy Journal, 1986, 78 (3): 539 – 545.

[46] Sharma D P, Singh K V, Rao K V G K, et al. Reuse of saline drainage water for irrigation in a sand loam soil [C] // Proceedings Symposium on Land Drainage for Salinity control in Arid and Semi-arid Regions, 1990: 304 – 312.

[47] Souza C F, Folegatti M V, Or D. Distribution and storage characterization of soil solution for drip irrigation [J]. Irrigation Science, 2009, 27 (4): 277 – 288.

[48] Spiers J M. Root distribution of 'Tifblue' rabbiteya blueberry as influenced by irrigation, incorporated peatmoss, and mulch [J]. J. Am. Soc. Hort. Sci, 1986, 111 (6): 877 – 880.

[49] Tedeschi A, Dell'Aquila R. Effects of irrigation with saline waters, at different concentrations, on soil physical and chemicalcharacteristics [J]. Agricultural Water Management, 2005, 77 (1 – 3): 308 – 322.

[50] Tiwari K N, A Singh, P K Mal. Effect of drip irrigation on yield of cabbage (Brassica oleracea L. var. capitata) under mulch and non-mulch conditions [J]. Agric. Water Manage, 2003, 58: 19 – 28.

[51] Van Genuchten M T. A closed-form equation for predicting the hydraulic conductivity of unsaturated soil [J]. Soil Sci. Soc. Am. J, 1980, 44 (5): 892 – 898.

[52] Van Genuchten M T. A numerical model for water and solute movement in and below

the root zone. [C] // Unpub. Research. Report，U. S. Salinity Laboratory，1987.

[53] Van Genuchten M T，Leij F J，Yates S R. The RETC code for quantifying the hydraulic functions of unsaturated soils：project summary [R]. 1992.

[54] Van Hoorn J W. Quality of irrigation water，limits of use and prediction of long term effects [J]. Irrigation and Drainage，1971 (7)：117 - 135.

[55] Vrugt J A，Hopmans J W，Simunek J. One-，two-，and three-dimensional root water uptake functions for transient modeling [J]. Water Resour Res，2001，37 (10)：2457 - 2470.

[56] Walker W R，Skogerboe G V. Surface Irrigation - Theory and Practice [M]. Prentice - Hall Inc，New Jersey，1987.

[57] Youssef R，Mariateresa C，Elvira R，et al. Comparison of the subirrigation and drip - irrigation systems for greenhouse zucchini squash production using saline and non - saline nutrient solutions [J]. Agricultural Water Management，2006 (82)：99 - 117.

[58] 安树青，张碧群. NaCl 胁迫下小麦幼苗叶绿素含量生物量及 12 种元素的累计与分布 [J]. 海洋湖沼通报，1996 (2)：33 - 39.

[59] 安延儒，左长喜，李新波，等. 康地宝在盐碱地微咸水灌溉水稻苗床上的应用初探 [J]. 垦殖与稻作，2001 (4)：32 - 33.

[60] 毕远杰，王全九，雪静. 微咸水造墒对油葵生长及土壤盐分分布的影响 [J]. 农业工程学报，2009，25 (7)：39 - 44.

[61] 曹云娥. 秸秆生物反应堆和堆肥改善微咸水灌溉下设施土壤和黄瓜生长的研究 [D]. 北京：中国农业大学，2016.

[62] 陈崇希，唐仲华. 地下水流问题数值方法 [M]. 武汉：中国地质大学出版社，1990：87 - 157.

[63] 陈国安. 钠对棉花生长及钾钠吸收的影响 [J]. 土壤，1992，24 (4)：201 - 204.

[64] 陈琳，田军仓，闫新房. 微咸水不同灌溉方式对温室膜下滴灌黄瓜的影响 [J]. 宁夏工程技术，2016，15 (2)：97 - 101.

[65] 陈素英，张喜英，邵立威，等. 微咸水非充分灌溉对冬小麦生长发育及夏玉米产量的影响 [J]. 中国生态农业学报，2011，19 (3)：579 - 585.

[66] 陈小兵，杨劲松，杨朝晖，等. 渭干河灌区灌排管理与水盐平衡研究 [J]. 农业工程学报，2008，24 (4)：59 - 65.

[67] 陈小三，王和平，程希. 地下点源滴灌土壤水分运动室内试验研究 [J]. 节水灌溉，2011 (1)：40 - 42.

[68] 陈效民，白冰，蔡成君. 黄河三角洲海水灌溉对土壤性质的影响研究 [J]. 水土保持学报，2004，18 (1)：19 - 21.

[69] 陈伊锋. 灌水量对膜下滴灌加工番茄生长及产量的影响 [J]. 安徽农学通报，2008，14 (1)：142 - 108.

[70] 迟道才，程世国，张玉龙，等. 国内外暗管排水的发展现状与动态 [J]. 沈阳农业大学学报，2003，34 (4)：312 - 316.

[71] 褚贵发，郎素秋，周新，等. 水稻微咸水灌溉试验及开发研究 [J]. 中国农村水利水电，1999 (2)：17 - 20，48.

[72] 丛振涛，周智伟，雷志栋. Jensen 模型敏感指数的新定义及其解法 [J]. 水科学进展，2002，13 (6)：730 - 735.

[73] 崔远来, 茆智, 李远华. 作物水分敏感指标空间变异规律及等值线图研究 [J]. 中国农村水利水电, 1999 (11): 16-18.

[74] 代文元, 张文杰, 袁淑芳, 等. 多策并举实现水资源的可持续利用 [J]. 河北工程技术高等专科学校学报, 2001 (3): 18-19.

[75] 董玉云, 王宝成, 费良军. 膜孔肥液单向交汇入渗水、氮运移特性试验研究 [J]. 中国农村水利水电, 2015 (6): 91-94.

[76] 费良军, 李发文. 膜孔灌单向交汇入渗数学模型研究 [J]. 农业工程学报, 2003 (3): 68-71.

[77] 冯利平, 高亮之. 小麦发育期动态模拟模型的研究 [J]. 作物学报, 1997, 23 (4): 418-424.

[78] 高德利, 刘希圣, 徐秉业. 井眼轨迹控制 [M]. 东营: 石油大学出版社, 1994.

[79] 高亮之. 水稻栽培计算机模拟优化决策系统 [M]. 北京: 农业出版社, 1992.

[80] 管孝艳, 杨培岭, 吕烨. 咸淡水交替灌溉下土壤盐分再分布规律的室内实验研究 [J]. 农业工程学报, 2007 (5): 88-91.

[81] 郭力琼. 微咸水滴灌土壤水盐运移规律研究 [D]. 太原: 太原理工大学, 2016.

[82] 郭力琼, 毕远杰, 马娟娟, 等. 交替滴灌对土壤水盐分布规律影响研究 [J]. 节水灌溉, 2016 (5): 6-11.

[83] 郭淑霞, 龚元石. 不同氮肥水平下盐分对菠菜生长及产量的影响 [J]. 种子, 2005, 24 (6): 37-40.

[84] 郭向红, 孙西欢, 马娟娟. 基于混合遗传算法估计 Van Genuchten 方程参数 [J]. 水科学进展, 2009, 20 (5): 677-682.

[85] 郭向红, 孙西欢, 马娟娟. 根系吸水模型参数的混合遗传算法估算方法 [J]. 农业机械学报, 2009, 40 (8): 80-85.

[86] 郭向红, 孙西欢, 马娟娟, 等. 基于混合遗传算法和积水入渗实验反求土壤水力参数 [J]. 应用基础与工程科学学报, 2010, 18 (6): 1017-1026.

[87] 郭亚洁, 侯建邦. 微咸水灌溉玉米幼苗的试验 [J]. 山西水利科技, 1996 (3): 95-96.

[88] 郭永杰, 崔云玲, 吕晓东, 等. 国内外微咸水利用现状及利用途径 [J]. 甘肃农业科技, 2003 (8): 3-5.

[89] 何雨江, 汪丙国, 王在敏, 等. 棉花微咸水膜下滴灌灌溉制度的研究 [J]. 农业工程学报, 2010, 26 (7): 14-20.

[90] 贺新, 杨培岭, 任树梅, 等. 基于主成分分析的油葵微咸水调亏灌溉灌水效果评价 [J]. 农业机械学报, 2014, 45 (S1): 162-167, 132.

[91] 胡文明. 微咸水灌溉对作物生长影响的试验研究 [J]. 灌溉排水学报, 2007, 26 (1): 86-88.

[92] 虎胆·吐马尔白, 吴争光, 苏里坦, 等. 棉花膜下滴灌土壤水盐运移规律数值模拟 [J]. 土壤, 2012, 44 (4): 665-670.

[93] 黄丹. 微咸水膜下滴灌轮灌时序优化试验研究 [D]. 石河子: 石河子大学, 2014.

[94] 黄金瓯, 靳孟贵, 栗现文. 咸淡水轮灌对棉花产量和土壤溶质迁移的影响 [J]. 农业工程学报, 2015, 31 (17): 99-107.

[95] 姜素云. 滴灌交汇入渗水分运移特性及影响因素研究 [D]. 邯郸: 河北工程大

学，2011.

[96] 焦艳平，高巍，潘增辉，等. 微咸水灌溉对河北低平原土壤盐分动态和小麦、玉米产量的影响 [J]. 干旱地区农业研究，2013，31 (2)：134 – 140.

[97] 焦艳平，康跃虎，万书勤，等. 干旱区盐碱地滴灌土壤基质势对土壤盐分分布的影响 [J]. 农业工程学报，2008，26 (6)：53 – 58.

[98] 金菊良，杨晓华，丁晶. 基于实数编码的加速遗传算法 [J]. 四川大学学报（工程科学版），2000，32 (4)：20 – 24.

[99] 康绍忠. 农业水土工程概论 [M]. 北京：中国农业出版社，2007.

[100] 孔祥谦. 有限单元法在传热学中的应用 [M]. 北京：科学出版社，1986.

[101] 孔晓燕. 微咸水膜下滴灌对西葫芦生长影响及水盐生产函数研究 [D]. 太原：太原理工大学，2017.

[102] 雷廷武，肖娟，王建平，等. 微咸水滴灌对盐碱地西瓜产量品质及土壤盐渍度的影响 [J]. 水利学报，2003 (4)：85 – 89.

[103] 雷廷武，郑耀泉. 滴灌湿润比设计方法的理论分析 [J]. 北京农业工程大学学报，1992，12 (3)：33 – 40.

[104] 李发文. 膜孔灌溉交汇入渗特性及其影响因素研究 [D]. 西安：西安理工大学，2002.

[105] 李发永，王龙，严晓燕，等. 微咸水滴灌条件下氮素在红枣根区的分布特征研究 [J]. 塔里木大学学报，2010，22 (1)：8 – 13.

[106] 李发永，王兴鹏，王龙，等. 微咸水膜下滴灌条件下南疆棉花水肥耦合规律研究 [J]. 干旱地区农业研究，2013 (2)：146 – 151.

[107] 李光永，曾德超. 滴灌土壤湿润体特征值的数值算法 [J]. 水利学报，1997 (7)：2 – 7.

[108] 李红，李庆朝. 微咸水灌溉对小麦、玉米及土壤盐分的影响 [J]. 山东农业大学学报（自然科学版），2007 (1)：72 – 74，80.

[109] 李金刚，屈忠义，黄永平，等. 微咸水膜下滴灌不同灌水下限对盐碱地土壤水盐运移及玉米产量的影响 [J]. 水土保持学报，2017，31 (1)：217 – 223.

[110] 李金刚，屈忠义，孙贯芳，等. 微咸水膜下滴灌对土壤盐分离子分布和番茄产量的影响 [J]. 节水灌溉，2017 (3)：31 – 35，39.

[111] 李取生，王志春，李秀军. 苏打盐渍土壤微咸水淋洗改良技术研究 [J]. 地理科学，2002，22 (3)：342 – 348.

[112] 李秀芬. 膜下滴灌：世界节水史上的创举 [J]. 兵团建设，2003 (6)：14 – 16.

[113] 李彦，张英鹏，孙明，等. 盐分胁迫对植物的影响及植物耐盐机理研究进展 [J]. 植物生理科学，2008，24 (1)：258 – 265.

[114] 李毅，关冰艺. 滴灌两点源交汇入渗的斥水土壤水分运动规律 [J]. 排灌机械工程学报，2013，31 (1)：81 – 86.

[115] 李韵珠，李宝国. 土壤溶质运移 [M]. 北京：科学出版社，1998：15 – 28.

[116] 李志杰，马卫萍，邢文刚，等. 微咸水灌溉利用的综合调控技术研究 [J]. 土壤通报，2001，32（专辑）：106 – 108.

[117] 栗涛，王全九，张振华，等. 矿化度对紫花苜蓿发芽率和株高的影响 [J]. 农业机械学报，2013，44 (10)：159 – 163.

[118] 刘静妍，毕远杰，孙西欢，等. 交替供水条件下土壤入渗特性与水盐分布特征研究

[J]. 灌溉排水学报，2015，34（4）：55-60.

[119] 刘娟. 微咸水膜下滴灌对盐碱地水盐特性及油葵生长的影响研究 [D]. 北京：北京林业大学，2012.

[120] 刘娟，孙兆军，范秀华. 不同矿化度咸水滴灌对盐碱地水盐特性及油葵生长的影响 [J]. 干旱地区农业研究，2015，33（5）：175-180.

[121] 刘圣民. 电磁场的数值方法 [M]. 武汉：华中理工大学出版社，1991.

[122] 刘婷姗. 微咸水营养液沙培西瓜水盐运移规律研究 [D]. 银川：宁夏大学，2015.

[123] 刘易，冯耀祖，黄建，等. 微咸水灌溉条件下施用不同改良剂对盐渍化土壤盐分离子分布的影响 [J]. 干旱地区农业研究，2015，33（1）：146-152.

[124] 刘友兆，付光辉. 中国微咸水资源化若干问题研究 [J]. 地理与地理信息科学，2004（3）：57-60.

[125] 刘幼成，谢礼贵. 我国北方水稻水分生产函数及优化灌溉制度的研究 [J]. 河北水利科技，1998，19（2）：43-45.

[126] 卢书平. 微咸水灌溉对梨和苹果生长、产量与果实品质的影响 [D]. 秦皇岛：河北科技师范学院，2013.

[127] 吕殿青，王全九，王文焰，等. 膜下滴灌土壤盐分分布特性与影响因素初步分析 [J]. 灌溉排水，2001，20（1）：28-31.

[128] 吕烨，杨培岭，管孝艳，等. 咸淡水交替淋溶下土壤盐分运移试验 [J]. 水利水电科技进展，2007（6）：90-93.

[129] 马东豪，王全九，来剑斌. 膜下滴灌条件下灌水水质和流量对土壤盐分分布影响的田间试验研究 [J]. 农业工程学报，2005（3）：42-46.

[130] 马洁，朱珠，姚宝林，等. 阿拉尔灌区微咸水滴灌对土壤水盐分布影响的试验研究 [J]. 节水灌溉，2010（5）：40-42，45.

[131] 毛振强，宇振荣，马永良. 微咸水灌溉对土壤盐分及冬小麦和夏玉米产量的影响 [J]. 中国农业大学学报，2003（S1）：20-25.

[132] 茆智，崔远来，李新建. 我国南方水稻水分生产函数试验研究 [J]. 水利学报，1994（9）：21-31.

[133] 孟宝民，马富裕，杨全胜. 盐碱生荒地膜下滴灌甜菜生育规律初探 [J]. 石河子大学学报，2001，5（3）：179-181.

[134] 米迎宾，屈明，杨劲松，等. 咸淡水轮灌对土壤盐分和作物产量的影响研究 [J]. 灌溉排水学报，2010，29（6）：83-86.

[135] 宁松瑞，左强，石建初. 新疆膜下滴灌棉田水盐运移特征研究进展 [J]. 灌溉排水学报，2014（2）：121-125.

[136] 潘学标，韩湘玲，石元春. COTGROW：棉花生长发育模拟模型 [J]. 棉花学报，1996（4）：180-188.

[137] 逄焕成，杨劲松，等. 微咸水灌溉对土壤盐分和作物产量影响研究 [J]. 植物营养与肥料学报，2004（6）：599-603.

[138] 彭世彰，边立明. 作物水分生产函数的研究与发展 [J]. 水利水电科技进展，2000，20（1）：17-20.

[139] 乔冬梅，吴海卿，齐学斌，等. 不同潜水埋深条件下微咸水灌溉的水盐运移规律及模拟研究 [J]. 水土保持学报，2007，21（6）：565-574.

[140] 乔玉辉，宇振荣. 河北省曲周盐渍化地区微咸水灌溉对土壤环境效应的影响 [J].
农业工程学报，2003（2）：75-79.

[141] 乔玉辉，宇振荣，张银锁，等. 微咸水灌溉对盐渍化地区冬小麦生长的影响和土壤
环境效应 [J]. 土壤肥料，1999（4）：11-14.

[142] 任崴，罗廷彬，王宝军，等. 新疆生物改良盐碱地效益研究 [J]. 干旱地区农业研
究，2004，22（4）：211-214.

[143] 阮明艳. 咸水膜下滴灌对棉花产质量效应及土壤水盐环境的影响 [D]. 杨凌：西北
农林科技大学，2007.

[144] 山仑. 借鉴以色列节水经验发展我国节水农业 [J]. 水土保持研究，1999（1）：
118-121.

[145] 邵玉翠，张余良. 微咸水灌溉及改良对土壤全盐量影响的模拟研究 [J]. 天津农业
科学，2003，9（2）：21-24.

[146] 石万普，俞仁培，苗春鹏，等. 不同物料改良碱化土壤作用的比较 [J]. 土壤学报，
1997，34（2）：221-224.

[147] 宋日权，褚贵新，张瑞喜，等. 覆砂对土壤入渗、蒸发和盐分迁移的影响 [J]. 土
壤学报，2011，49（2）：282-288.

[148] 宋新山，邓伟，章光新，等. 钠吸附比及其在水体碱化特征评价中的应用 [J]. 水
利学报，2000，31（7）：70-76.

[149] 苏李君. 径向基函数配点法在非饱和土壤水盐运移数值模拟中的应用 [D]. 西安：
西安理工大学，2010.

[150] 苏瑞东，杨树青，唐秀楠，等. 盐渍化土壤条件下枸杞咸淡水轮灌模式试验研究
[J]. 灌溉排水学报，2015，34（6）：77-82.

[151] 苏莹，王全九，叶海燕，等. 咸淡轮灌土壤水盐运移特征研究 [J]. 灌溉排水学报，
2005（1）：50-53.

[152] 苏莹. 微咸水地面灌溉试验研究 [D]. 西安：西安理工大学，2006.

[153] 苏玉明. 土地盐碱化成因的定量分析 [J]. 水利水电技术，2002，33（5）：28-31.

[154] 粟晓玲，石培泽，杨秀英，等. 石羊河流域干旱沙漠区滴灌条件下苹果树耗水规律
研究 [J]. 水资源与水工程学报，2005，16（1）：19-23.

[155] 孙海燕. 膜下滴灌土壤水盐运移特征与数值模拟 [D]. 西安：西安理工大学，2008.

[156] 谭军利，康跃虎，焦艳平，等. 不同种植年限覆膜滴灌盐碱地土壤盐分离子分布特
征 [J]. 农业工程学报，2008，24（6）：59-63.

[157] 万超文，邵桂花，陈一舞，等. 盐胁迫下大豆耐盐性与籽粒化学品质的关系 [J].
中国油料作物学报，2002，24（2）：67-72.

[158] 万书勤，康跃虎，王丹，等. 华北半湿润地区微咸水滴灌对番茄生长和产量的影响
[J]. 农业工程学报，2008（8）：30-35.

[159] 万书勤，汪然，康跃虎，等. 微咸水滴灌施肥灌溉对马铃薯生长和水肥利用的影响
[J]. 灌溉排水学报，2016，35（7）：1-7，15.

[160] 汪洋，田军仓，高艳明，等. 非耕地温室番茄微咸水灌溉试验研究 [J]. 灌溉排水
学报，2014，33（1）：12-16.

[161] 王春霞，王全九，刘建军，等. 微咸水滴灌条件下土壤水盐分布特征试验研究 [J].
干旱地区农业研究，2010（6）：30-35，57.

[162] 王德清，郭鹏程，董翔云. 氯对作物毒害作用的研究 [J]. 土壤通报，1990，21 (6)：258 - 261.

[163] 王洪彬. 沧州地区利用地下微咸水灌溉分析 [J]. 河北水利水电技术，1998 (4)：4 - 5.

[164] 王锦辉，费良军. 不同膜孔直径的浑水膜孔灌单向交汇入渗特性 [J]. 水土保持学报，2016，30 (1)：184 - 188，195.

[165] 王军涛，程献国，李强坤. 基于春玉米微咸水灌溉的水盐生产函数研究 [J]. 干旱地区农业研究，2012，30 (3)：78 - 80.

[166] 王康，沈荣开，沈言俐，等. 作物水分与氮素生产函数的实验研究 [J]. 水科学进展，2002，13 (3)：308 - 312.

[167] 王全九，毕远杰，吴忠东. 微咸水灌溉技术与土壤水盐调控方法 [J]. 武汉大学学报：工学版，2009，42 (5)：559 - 564.

[168] 王全九，单鱼洋. 微咸水灌溉与土壤水盐调控研究进展 [J]. 农业机械学报，2015，12：117 - 126.

[169] 王全九，邵明安，郑纪勇. 土壤中水分运动与溶质迁移 [M]. 北京：中国水利水电出版社，2007.

[170] 王全九，王文焰，吕殿青，等. 膜下滴灌盐碱地水盐运移特征研究 [J]. 农业工程学报，2000，16 (4)：54 - 57.

[171] 王全九，叶海燕，史晓楠，等. 土壤初始含水量对微咸水入渗特征影响 [J]. 水土保持学报，2004，18 (1)：51 - 53.

[172] 王全九. 盐碱地膜下滴灌技术参数的确定 [J]. 农业工程学报，2001，17 (2)：47 - 50.

[173] 王瑞萍，白巧燕，王鹏，等. 咸水淡水轮灌模式及施肥量对玉米生长和土壤盐分的影响 [J]. 灌溉排水学报，2017，36 (1)：69 - 73.

[174] 王维娟，牛文全，孙艳琦，等. 滴头间距对双点源交汇入渗影响的模拟研究 [J]. 西北农林科技大学学报（自然科学版），2010，38 (4)：219 - 225，234.

[175] 王伟，李光永，傅臣家，等. 棉花苗期滴灌水盐运移数值模拟及试验验证 [J]. 灌溉排水学报，2009，28 (1)：32 - 36.

[176] 王秀丽，张凤荣，王跃朋，等. 农田水利工程治理天津市土壤盐渍化的效果 [J]. 农业工程学报，2013，29 (20)：82 - 88.

[177] 王仰仁. 几种作物的水分敏感指数 [J]. 灌溉排水，1989 (4)：34 - 36.

[178] 王仰仁，康绍忠. 基于作物水盐生产函数的咸水灌溉制度确定方法 [J]. 水利学报，2004，35 (6)：46 - 51.

[179] 王仰仁，荣丰涛，李从民，等. 水分敏感指数累积曲线参数研究 [J]. 山西水利科技，1997 (4)：20 - 24.

[180] 王一民，虎胆·吐马尔白，弋鹏飞，等. 盐碱地膜下滴灌水盐运移规律试验研究 [J]. 中国农村水利水电，2010 (10)：13 - 17.

[181] 王毅，王久生，李爱卓，等. 微咸水膜下滴灌对绿洲棉花生长特征与产量的影响 [J]. 节水灌溉，2011 (11)：25 - 27，30.

[182] 王应求. 微咸水灌溉的效果研究 [J]. 农业现代化研究，1990 (1)：51 - 53.

[183] 王媛媛. 浅谈咸淡水混浇技术的应用 [J]. 地下水，2004，26 (3)：210 - 211.

[184] 王在敏，何雨江，靳孟贵，等. 运用土壤水盐运移模型优化棉花微咸水膜下滴灌制度 [J]. 农业工程学报，2012，28 (17)：63 - 70.

[185] 王振华,吕德生,温新明.地下滴灌条件下土壤水盐运移特点的试验研究 [J].石河子大学学报(自科版),2005,23 (1):85-87.

[186] 韦如意,史军辉.微咸水灌溉对小麦根系生长的影响 [J].新疆农业科学,2003 (1):48-49.

[187] 尉宝龙,邢黎明,牛豪震.咸水灌溉试验研究 [J].人民黄河,1997 (9):28-32.

[188] 魏红国,杨鹏年,张巨松,等.咸淡水滴灌对棉花产量和品质的影响 [J].新疆农业科学,2010,12:2344-2349.

[189] 魏磊.晋中盆地夏玉米生长对微咸水灌溉的响应研究 [D].太原:太原理工大学,2016.

[190] 吴军虎,陶汪海,赵伟,等.微咸水膜下滴灌不同灌水量对水盐运移和棉花生长的影响 [J].水土保持学报,2015,29 (3):272-276,329.

[191] 吴乐知,李取生,刘长江.微咸水淋洗对苏打盐渍土土壤理化性状的影响 [J].生态与农村环境学报,2006,22 (2):11-15.

[192] 吴蕴玉,金星,徐元,等.秸秆覆盖条件下微咸水灌溉对番茄生长和产量品质的影响 [J].节水灌溉,2015 (7):21-24.

[193] 吴忠东,王全九,苏莹,等.不同矿化度微咸水对土壤入渗特征的影响研究 [J].人民黄河,2005,27 (12):49-51.

[194] 吴忠东,王全九.利用一维代数模型分析微咸水入渗特征 [J].农业工程学报,2007,23 (6):21-26.

[195] 吴忠东,王全九.不同微咸水组合灌溉对土壤水盐分布和冬小麦产量影响的田间试验研究 [J].农业工程学报,2007 (11):71-76.

[196] 吴忠东,王全九.微咸水钠吸附比对土壤理化性质和入渗特性的影响研究 [J].干旱地区农业研究,2008,26 (1):231-236.

[197] 吴忠东,王全九.微咸水混灌对土壤理化性质及冬小麦产量的影响 [J].农业工程学报,2008 (6):69-73.

[198] 吴忠东,王全九.微咸水波涌畦灌对土壤水盐分布的影响 [J].农业机械学报,2010,41 (1):53-58.

[199] 吴忠东,王全九.微咸水连续灌溉对冬小麦产量和土壤理化性质的影响 [J].农业机械学报,2010,41 (9):36-43.

[200] 席少霖,赵凤治.最优化计算方法 [M].上海:上海科学技术出版社,1983:194-196.

[201] 肖娟,雷廷武,李光永.水质及流量对盐碱土滴灌湿润锋运移影响的室内试验研究 [J].农业工程学报,2007,23 (2):88-91.

[202] 肖振华,万洪富,郑莲芬.灌溉水质对土壤化学特征和作物生长的影响 [J].土壤学报,1997,34 (3):272-285.

[203] 肖振华,万洪富.灌溉水质对土壤水力性质和物理性质的影响 [J].土壤学报,1998,35 (3):359-366.

[204] 谢德意,王惠萍.盐胁迫对棉花种子萌发及幼苗生长的影响 [J].种子,2000,27 (3):12-13.

[205] 谢礼贵,武春兰,郭建民.水稻抗旱减灾优化灌溉制度的研究 [J].河北水利科技,1995,16 (3):1-6.

[206] 邢文刚,俞双恩,安文钰,等.春棚西瓜利用微咸水滴灌与畦灌的应用研究 [J].

灌溉排水学报，2003，22（3）：54-56，68.

[207] 邢小宁. 微咸水滴灌条件下土壤水盐运移的试验研究 [D]. 兰州：兰州大学，2010.

[208] 熊亚梅. 水分与氮素对蔬菜产量和品质及土壤环境的影响 [D]. 杨凌：西北农林科技大学，2007.

[209] 宿庆瑞，李卫孝，迟凤琴. 有机肥对土壤盐分及水稻产量的影响 [J]. 中国农学通报，2006，22（4）：299-301.

[210] 徐存东，程慧，刘璐瑶，等. 干旱灌区轮灌方式下的田间土壤水盐运移模拟研究 [J]. 中国农村水利水电，2016（4）：11-14，20.

[211] 薛志成. 国内外田间节水灌溉新法 [J]. 节水灌溉，1998（6）：36-37.

[212] 雪静. 微咸水灌溉土壤水盐分布及苜蓿生长特征研究 [D]. 西安：西安理工大学，2009.

[213] 严晓燕，李涛，王兴鹏. 微咸水膜下滴灌棉花根区土壤水盐运移规律研究 [J]. 灌溉排水学报，2010，29（4）：72-75，84.

[214] 严晔端，李悦. 发展咸淡水混灌技术合理开发地下水资源 [J]. 地下水，2000（4）：153-156.

[215] 严以绥. 膜下滴灌系统规划设计与应用 [M]. 北京：中国农业出版社，2003：4-6，181-182.

[216] 杨启良，张富仓，刘小刚，等. 不同滴灌方式和 NaCl 处理对苹果幼树生长和水分传导的影响 [J]. 植物生态学报，2009，4：824-832.

[217] 杨昕馨. 棉田膜下滴灌土壤水盐分布特征及数值模拟研究 [D]. 乌鲁木齐：新疆农业大学，2011.

[218] 姚静，施卫明. 盐胁迫对番茄根形态和幼苗生长的影响 [J]. 土壤，2008，40（2）：279-282.

[219] 姚杏安，臧波，吴大伟. 土壤含盐量对土壤某些物理性质及棉花产量的影响 [J]. 江汉石油科技，2007，17（64）：28-66.

[220] 叶海燕. 微咸水利用试验研究 [D]. 西安：西安理工大学，2004.

[221] 弋鹏飞. 膜下滴灌棉田土壤水盐运移规律试验研究 [D]. 乌鲁木齐：新疆农业大学，2011.

[222] 尹志荣，张永宏，桂林国，等. 微咸水滴灌对枸杞产量及土壤水盐运动的影响 [J]. 西北农业学报，2011，20（7）：162-167.

[223] 尹志荣，张永宏，桂林国，等. 枸杞微咸水滴灌土壤水盐运移特征及产量研究 [J]. 中国土壤与肥料，2014（1）：19-23.

[224] 翟胜，梁银丽，王巨，等. 干旱半干旱地区日光温室黄瓜水分生产函数的研究 [J]. 农业工程学报，2005，21（4）：136-139.

[225] 张爱习，裴宝琦，郑成海，等. 在线测控苦咸水安全混灌装置及其应用 [J]. 节水灌溉，2011（11）：73-75，79.

[226] 张会元. 咸水利用可行性分析 [J]. 天津农林科技，1994（3）：18-19.

[227] 张建新，王爱云. 利用咸水灌溉碱茅草的初步研究 [J]. 干旱区研究，1996（4）：30-33.

[228] 张洁，常婷婷，邵孝侯. 暗管排水对大棚土壤次生盐渍化改良及番茄产量的影响 [J]. 农业工程学报，2012，28（3）：81-86.

[229] 张金龙，张清，王振宇，等．排水暗管间距对滨海盐土淋洗脱盐效果的影响 [J]．农业工程学报，2012，28（9）：85-89．

[230] 张娟，马福生，杨胜利，等．不同灌水上下限对温室白萝卜产量、品质及 WUE 的影响 [J]．节水灌溉，2016（4）：31-36．

[231] 张俊鹏，曹彩云，冯棣，等．微咸水造墒条件下植棉方式对产量与土壤水盐的影响 [J]．农业机械学报，2013，44（2）：97-102．

[232] 张世卿．微咸水滴灌对枣园土壤、枣树生长和红枣果实品质的影响 [D]．阿拉尔：塔里木大学，2016．

[233] 张艳红，焦艳平，刘为忠，等．微咸水灌溉对苹果、梨的产量和品质以及土壤盐分的影响 [J]．南水北调与水利科技，2012，10（6）：118-122．

[234] 张勇，毕远杰，郭向红，等．不同生育期微咸水灌溉对玉米生长影响研究 [J]．节水灌溉，2017（9）：43-46．

[235] 张余良，陆文龙，张伟，等．长期微咸水灌溉对耕地土壤理化性状的影响 [J]．农业环境科学学报，2006，25（4）：969-973．

[236] 张余良，陆文龙．微咸水灌溉对小麦生理特性及产量的影响 [J]．河南农业科学，2007（8）：31-34．

[237] 张余良，邵玉翠，严晔端，等．微咸水灌溉农作物生长的改善技术研究 [J]．农业环境科学学报，2006，25（S）：295-300．

[238] 张余良，邵玉翠．灌溉微咸水土壤的改良技术研究 [J]．天津农业科学，2004，10（4）：47-50．

[239] 张玉顺，路振广，张湛．作物水分生产函数 Jensen 模型中有关参数在年际间确定方法 [J]．节水灌溉，2003（6）：4-6．

[240] 张展羽，郭相平．作物水盐动态响应模型 [J]．水利学报，1998（12）：67-71．

[241] 张展羽，郭相平．微咸水灌溉对苗期玉米生长和生理性状的影响 [J]．灌溉排水，1999，18（1）：18-22．

[242] 张展羽，郭相平，汤建熙，等．节水控盐灌溉制度的优化设计 [J]．水利学报，2001（4）：89-94．

[243] 张展羽，郭相平，詹红丽，等．微咸水灌溉条件下土壤和地下水含盐量空间变异分析 [J]．灌溉排水，2001（3）：6-9．

[244] 张振华，蔡焕杰，郭永昌，等．滴灌土壤湿润体影响因素的实验研究 [J]．农业工程学报，2002（2）：17-20．

[245] 张振华，蔡焕杰，杨润亚，等．点源入渗等效半球模型的推导和实验验证 [J]．灌溉排水学报，2004（3）：9-13．

[246] 赵春林，张彪，郭培成．汾河三坝灌区浅层咸水利用的试验研究 [J]．太原理工大学学报，2000（5）：593-599．

[247] 赵秀芳，杨劲松，张清，等．石膏-微咸水复合灌溉量对土壤水盐分布特征的影响 [J]．土壤，2010，42（6）：978-982．

[248] 赵延宁．咸淡混灌与管道输水一体化技术的应用 [J]．地下水，1996（4）：148-149．

[249] 郑凤杰，杨培岭，任树梅，等．微咸水滴灌对食用葵花的生长影响及其临界矿化度的研究 [J]．灌溉排水学报，2015，12：19-23．

[250] 郑九华，冯永军，于开芹，等．秸秆覆盖条件下微咸水灌溉棉花试验研究 [J]．农

业工程学报，2002（4）：26－31.

[251] 郑九华. 秸秆覆盖条件下的微咸水利用研究［D］. 泰安：山东农业大学，2002.

[252] 周利民，罗怀彬，古璇清. 水稻水分生产函数模型试验研究［J］. 广东水利水电，2002（4）：22－25.

[253] 朱华潭，董炳荣. 几种作物耐盐性观测初报［J］. 浙江农业科技，1995（3）：109－111.

[254] 朱志华. 不同生育时期盐胁迫对冬小麦产量的影响［J］. 作物品种资源，1998，3：31－33.